岩石中离子导电与介电(Ⅱ)

刘红岐　著

科学出版社

北京

内 容 简 介

本书主要讲述微纳米空间,特别是页岩类多孔介质导电和介电机理以及流体在多场作用下的运移规律。主要内容包括孔隙流体中主要原子、分子的行为特征,微纳孔隙的分布规律、孔隙类型和结构特征,微纳孔隙中存在的毛管力、分子力、化学键力、Zeta 电势、渗流压力和外加电磁场等各种力场的变化规律;深入介绍微纳孔隙中电磁场作用下微观粒子电容的形成机理,以及黄铁矿、石墨等骨架矿物的局域场在微观粒子电容形成中的作用;以微观粒子电容为核心,结合 Navier-Stokes 方程、Maxwell 方程及 Schrödinger 方程,建立针对微纳孔隙中,包括各种分子力、Zeta 电势、电磁场力以及孔隙压力等共同作用下的跨尺度多场力流体方程。

本书既可以作为石油类院校岩石物理等相关专业研究生的参考用书,也可以作为致力于研究岩石电学理论和应用技术的科研人员、油田专家和现场技术人员的参考用书。

图书在版编目(CIP)数据

岩石中离子导电与介电. II / 刘红岐著. —— 北京:科学出版社,2025. 1.
ISBN 978-7-03-080349-8

Ⅰ. P319.2

中国国家版本馆 CIP 数据核字第 2024DY8319 号

责任编辑:罗 莉 刘莉莉 / 责任校对:彭 映
责任印制:罗 科 / 封面设计:墨创文化

科 学 出 版 社 出版

北京东黄城根北街16号
邮政编码:100717
http://www.sciencep.com

成都锦瑞印刷有限责任公司 印刷
科学出版社发行 各地新华书店经销

*

2025 年 1 月第 一 版 开本:787×1092 1/16
2025 年 1 月第一次印刷 印张:10 1/4
字数:279 000
定价:148.00 元
(如有印装质量问题,我社负责调换)

自 序

仰望苍穹，星汉灿烂，繁星点点；俯瞰大地，山峦叠嶂，溪水潺潺。蕴藏在基因中的好奇心驱使着人类探索遥远的星系以及我们赖以生存的地球，这是科学家们对宇宙探索最原始的动力，这种探索永不停止。由美国国家航空航天局（National Aeronautics and Space Administration，NASA）在 1972 年 3 月 2 日发射的先驱者 10 号，在 2003 年 1 月 23 日已经飞离地球 122.3 亿 km 之远（随后与地球失去联系）；2011 年 11 月 NASA 发射的"好奇号"已于 2012 年 8 月 6 日登陆了距离我们地球有 5576 万 km 远的火星（火星的远地点约 4 亿 km）。但是，根据当前的记录，我们现在对地球深部钻探最深的井是俄罗斯于 2011 年在萨哈林所钻探的 OdoptuOP-11 研究井（Sakhalin-I OdoptuOP-11 Well），井深 12345m。与太空探索相比，对地球的深入程度，显然相去甚远。

我们生活的地球已经大约有 46 亿年的历史了，人类的历史也有几万年了。对于地球，我们既可以说了解得很多，但又知道得很少。了解得很多是从研究范围和学科领域来讲的，知道得很少是从知识的深度上说的。比如，我们在 17 世纪就知道地球是一个大磁场，也发现了地球的导电性，但是对于地球磁场形成的原因、地球是如何导电的，我们还很难说具有科学的认识。仅就地磁场的起源，目前得到公认地球磁场起源的假说就有十多种，由此看来，科学地认识地球还有很漫长的路要走。

早在公元前 585 年，古希腊哲学家泰勒斯（Thales，625B.C.～547B.C.）就发现了天然磁石和琥珀摩擦起电的现象，汉语里的"电"这个词在古希腊语中就是琥珀的意思，因此人们很早就认识到了物体的"电"和"磁"。地球的电磁场是组成地球的所有介质本身的电磁特征的整体响应。我们对地球电磁场的认识主要限于地壳范围。地壳是由大气圈下层、水圈、生物圈和岩石圈组成的，其中岩石圈主要包括三大类岩石，即岩浆岩、变质岩和沉积岩。沉积岩的分布面积非常广，约占地球陆地面积的 75%。沉积岩主要分为碎屑岩、碳酸盐岩和黏土岩。在石油与天然气的勘探开发过程中，人们逐渐认识到了地层各类岩石的导电和介电特征。但是由于地层难以钻探、地下高温高压、伴随很多腐蚀性和有毒气体等诸多难以克服的困难，因此我们对于岩石导电和介电机理的研究还很粗浅。目前还没有形成一个科学有效的理论，以指导我们对岩石导电和介电进行研究，更好地为油气勘探开发服务。

在电法勘探过去的一百多年里，电法勘探以研究地壳的导电为主，而对地层介质的介电研究较少，与之相对的是介电理论和介电谱技术在凝聚态物理学、材料科学、医学和生物大分子等领域的研究方兴未艾。本书结合多年来岩石导电和介电的一些基础理论和新的研究成果，梳理了目前国内外在岩石导电和介电方面的研究成果。本书还对全谱测井技术进行了初步探讨，期望能为我国在油气勘探开发方面提供新的研究思路，为后来的研究者们提供一些帮助。

前　　言

岩石是如何导电的呢？这是自学习地球物理以来一直困扰我的问题，也是促使我一直对岩石物理进行研究的原动力。

地层是由岩浆岩、变质岩和沉积岩组成的，各类岩石包含成岩矿物颗粒、孔隙以及孔隙中的流体组分。成岩矿物主要是石英、长石、方解石、白云石、石膏等，这些都是不导电的。纯岩石的电阻率非常高，其电阻率一般为几千～几十万欧姆米，以石英为例，其电阻率高达 $10^{12}\sim10^{14}\Omega\cdot m$，已经属于绝缘体的范畴。由此看来，导电的任务就落在了岩石孔隙中的流体身上了。

地层流体主要是地层水、石油和天然气。石油和天然气都是烃类化合物，是不导电的，而地层水本身，即 H_2O，也是不导电的，真正导电的是溶解在地层水中大量的阴阳离子，最常见的离子包括 Na^+、Cl^-、Mg^{2+}、Ca^{2+}、CO_3^{2-}、SO_4^{2-}、HCO_3^- 等。正是地层中这些离子的存在才使得大地具有导电性。所以说地层的导电，实际上是溶解在地层流体中的离子导电，而非岩石骨架中的电子导电。

本书是《岩石中离子导电与介电》的延续，主要介绍岩石导电与介电机理，特别是从微观角度，建立流体及其内粒子在多场作用下的渗流运动方程。本书第 1 章主要讲述地层微纳储集空间的特征及其表征方法；第 2 章讲述岩石孔隙流体中的主要粒子，包括氢、水和甲烷的物理运动、光谱学特征及化学特征；第 3 章重点介绍微纳孔中泥页岩、黄铁矿、石墨、流体的导电、介电、电泳和电渗析的相关知识和物理规律，比较详细地讨论黄铁矿、石墨化等对外加磁场作用的影响，为后面建立页岩微观粒子电容奠定基础；第 4 章特别从微观与宏观的角度，介绍孔隙流体的力与场，包括毛管力、分子力、化学键力、Zeta 电势力、渗流压力以及外加电磁场力等内容，为第 5 章建立统一流体方程奠定基础；第 5 章是在前四章内容的基础上，建立一个包含了多种力场共同作用的微纳米空间流体运动方程，这是本书的重点和创新的内容；第 6 章是对从低频到高频全谱电法测井仪器研发的思考和展望，以期引起业界同仁的关注，吸引更多年轻人的加入，共同研究，攻克难题。

本书受到了国家自然科学基金委"微纳米孔致密岩石导电介机理及全谱探测理论研究"（编号：41974117）项目以及四川省科技厅"分布式光纤（DTS+DAS）生产测井技术研发与应用"（编号：2022YFQ0060）项目的联合资助。本书中一些原创性的概念和想法得到了新疆油田原生产测井室高级工程师邓友明主任、新疆华隆油田科技股份有限公司李江、李树荣高级工程师等的大力帮助；本书的一些实验数据则是在西南石油大学地球科学与技术学院实验中心邱春宁老师帮助下完成的。此外在本书的研究和编辑过程中，团队中的博士研究生田杰，硕士研究生衣宏学、冉礼铨、阴琴、赵涵彬、廖海博、杨逸青、廖启明等同学完成了部分实验、插图的绘制和文字编辑等工作。作者在此向他们一并致谢。

在本项目的研究过程中,得到了中国石油集团测井有限公司王敬农教授和西南油气田公司专家赵良孝教授的很多直接指导和建议,也得到了中国石油天然气集团有限公司已故专家陆大卫教授的帮助,作者在此表示特别的感谢。

作者还要感谢为本书的出版付出辛勤工作的科学出版社的审稿专家和编辑工作者,特别要感谢负责本系列图书出版的罗莉女士的辛勤工作。

鉴于作者知识水平和研究领域的局限,书中不足在所难免,敬请读者批评指正,作者衷心感谢之至。

作者

于西南石油大学

2024 年 7 月

目　　录

第1章　岩石微纳孔隙特征及表征方法

以页岩为代表的非常规油气储层的勘探评价，要求人们对微纳米级的孔隙结构进行科学有效的定性和定量评价，这项工作一直是非常规油气勘探开发的热点和难点。

从表征的对象来讲，孔隙结构包括孔隙和裂缝两大类；从表征的方法来讲，有实验测试、数值模拟和理论研究三大类方法；从表征的性质来讲，有定性和定量表征两大类。本章主要讲述致密储层微纳尺度孔隙结构特征及其主要表征方法和关键参数。

孔隙结构是指岩石样品所具有的孔隙与孔喉的几何形状、大小、空间分布、连通情况以及孔隙与孔喉的配置关系等。一般来说，孔隙结构由岩石类型、成岩作用、裂缝发育等因素决定，不同类型的岩石具有不同类型的孔隙结构。例如，页岩中主要存在有机孔、黏土无机孔、碎屑无机孔等，而煤中主要存在原生孔、次生孔等。表征孔隙结构的主要参数包括：颗粒分选性、粒度中值、比表面积、面孔率、孔隙半径、孔隙分布、孔隙连通性等定性或半定量参数，以及迂曲度、孔隙度、渗透率等定量参数。

孔隙形状决定了流体在孔隙中的分布和流动方式，从而影响了流体的极化和迁移过程。一般来说，孔隙形状可以分为球形、椭球形、柱形等，不同形状的孔隙对流体的约束力和阻力有不同的影响。例如，球形孔隙中的流体受到均匀的约束力，而裂缝中的流体受到不均匀的约束力，导致流体在不同方向上的电极化和迁移程度不同。

孔径大小决定了流体在孔隙中受到的约束程度，从而影响了流体的可压缩性、黏度、离子浓度等物理化学性质。一般来说，孔径越小，流体越不易被压缩，黏度越大，离子浓度越高，导致流体在微纳米孔隙中表现出较低的流动性和较高的电极化程度。

孔隙分布是指地层中孔隙在空间上的排列方式，它决定了地层中不同尺度和方向上的流体和导电的连通性。一般来说，孔隙分布可以是均匀分布、非均匀分布、聚集分布等。不同分布方式对地层的各向异性和非均质性有不同的影响。例如，均匀分布的孔隙使得地层具有较好的各向同性和均质性，而非均匀分布或聚集分布的孔隙使得地层具有较强的各向异性和非均质性。

孔隙连通性是指地层中不同孔隙之间是否相互连通，它决定了地层中流体和电荷能否在不同尺度和方向上自由流动。一般来说，孔隙连通性由岩石类型、成岩作用、裂缝发育等因素决定，不同类型的岩石具有不同程度的孔隙连通性。例如，页岩中黏土矿物和有机质的存在，使得微纳米孔隙之间具有较差的连通性；而煤中原生孔和次生裂缝的存在，使得微纳米孔隙之间具有较好的连通性。

孔隙体积大小决定页岩气(主要为游离气和吸附气)的存储能力；孔隙的表面积决定吸附气的含量；孔隙连通性控制页岩气的流动。所以定性和定量分析孔隙结构可以为油气藏成因、原始地质储量、流体渗流机理、甜点区预测等方面提供重要信息。近 20 年来，国内外学者对孔隙结构的研究主要集中在三个方面：

(1)孔隙结构表征方法研究，它是孔隙结构定性及定量分析及其他相关研究的前提。

(2)多尺度孔隙结构特征研究。

(3)孔隙发育的控制因素研究。

1.1 致密储层微纳空间特征

对于目前研究的致密油气、煤层气以及页岩气，岩石的孔隙空间很小，其连通的通道处在微纳米数量级，特别是页岩的储集空间，其主要储集空间的尺度为几纳米到几百微米，已经很接近分子或有机大分子的尺度。从一般意义上讲，岩层是多孔介质的一种。岩石中可供流体存在的空间并非仅仅是颗粒之间的孔隙，还有地质构造运动形成的裂缝、由化学作用形成的溶蚀孔洞，以及随着岩石沉积埋藏起来的动植物遗体形成的空腔等。这些都为岩石中的流体提供了可存储和运移的空间，这些空间有的是连续的，有些是孤立的。

如图 1.1 所示，孔隙结构反映储层中各类孔隙与孔隙之间连通喉道的组合。孔隙为岩石颗粒包围着的较大空间，喉道为两个较大孔隙空间的连通部分。孔隙结构取决于颗粒之间的孔洞以及孔洞之间的连通通道，即孔喉。如果说孔隙是流体存在于岩石的基本储集空间，那么喉道则是控制流体在岩石中渗流的重要通道。

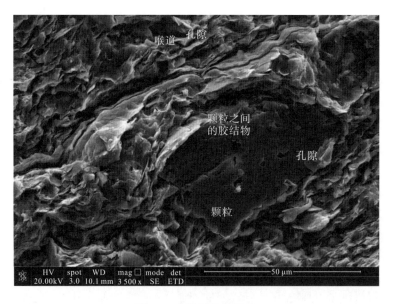

图 1.1   孔隙结构的构成

根据不同研究目的，孔隙的分类方案也有所不同，总体来讲有如下三种。

(1)按成因：可将孔隙分为原生孔隙、次生孔隙和混合孔隙，每一类型又进一步细分为若干次一级类型。原生孔隙是指原始沉积物固有的孔隙,如(陆源碎屑)粒间孔、粒内孔等。原生粒间孔经机械压实作用改造后变小,习惯上称之为原生缩小粒间孔。次生孔隙是指经次生作用,如淋滤、溶解、交代和重结晶等成岩作用所形成的孔隙,主要包括粒内溶孔、铸模孔和胶结物内溶孔。混合孔隙是指同时包括原生、次生成因的孔隙,主要有粒间溶蚀扩大孔和超大孔隙。

(2)按产状:分为粒间孔隙、粒内孔隙、填隙物内孔隙、裂缝。

(3)按大小:可将孔隙分为超毛细管孔隙、毛细管孔隙和微毛细管孔隙等。

1.1.1　致密砂岩类孔隙空间特征

对于碎屑岩,可将孔隙分为两大类,即狭义的孔隙和裂缝。进一步分为四小类:粒间孔隙、粒内孔隙、填隙物内孔隙和裂缝。按成因将其分为原生孔隙和次生孔隙两大类,然后按产状和几何形状进一步分类。

1.　粒间孔隙

粒间孔隙就是碎屑颗粒之间的孔隙,这些孔隙可以是原生粒间孔隙、粒间溶孔、铸模孔或超粒孔等,也可以是次生的溶蚀粒间孔。所谓的溶蚀是指地表水和地层水相结合,对以碳酸盐岩为主的可溶性岩石产生化学溶解和侵蚀作用。这种溶孔形态多种多样,有港湾状、伸长状等。粒间孔隙往往是在原生粒间孔隙或其他孔隙的基础上发展起来的。

2.　粒内孔隙

粒内孔隙即颗粒内部的孔隙,包括原生粒内孔、矿物解理缝和粒内溶孔。原生粒内孔主要是岩屑内的粒间微孔或喷出岩屑内的气孔,常沿解理缝发生溶解作用。

3.　填隙物内孔隙

填隙物内孔隙包括杂基内微孔隙、胶结物内溶孔和晶间孔等。杂基内微孔隙通常是黏土杂基和碳酸盐泥中所存在的微孔隙。这种孔隙极为细小,在所有的碎屑岩储集岩中都或多或少存在这种微孔隙。这种孔隙虽可形成百分之几十的孔隙度,但由于孔隙半径小,因此渗透率往往很低。胶结物内溶孔为胶结物内发生溶解作用形成的溶孔。晶间孔为胶结物晶体之间的残留孔隙。

4.　裂缝

根据裂缝的成因,可以将裂缝分为天然裂缝和人工诱导缝,天然裂缝又包括原生裂缝和次生裂缝。原生裂缝发育主要受原生因素的控制,包括冷凝收缩缝和炸裂成因缝。冷凝收缩缝可以分为基质收缩缝和收缩节理缝。基质收缩缝是岩浆喷发过程中经历收缩、脱水、快速冷凝及成分分异等,最后形成的一种裂缝。收缩节理缝是由于热力散失,岩体固结成岩并产生张应力,因此发生破裂而形成的系列冷凝节理。次生裂缝包括构造裂缝、风化裂缝及溶蚀裂缝。其中构造裂缝又可以按照倾角大小,分为垂直裂缝(裂缝倾角为 $70°\sim90°$)、高角度裂缝(倾角为 45°～70°)、低角度裂缝(倾角为 20°～45°)和水平裂缝(倾角为 0°～20°)。按照形成期次分类，构造裂缝又可以分为早期、中期和晚期构造裂缝。

1.1.2　致密碳酸盐岩类孔隙空间特征

与碎屑岩相比，碳酸盐岩的储集空间更为复杂，不仅有狭义的孔隙，而且还有裂缝和溶洞，储集空间的大小和变化很大，既可以和岩石组构有关，又可以与岩石组构无关。下面进行简要介绍。

1. 基质内孔隙

所谓基质，是指有些岩石的矿物颗粒大小悬殊，大的颗粒散布在小的颗粒之中，地质学中把大的矿物叫斑晶，小的矿物叫基质。基质内孔隙包括灰泥内孔隙、胶结物孔隙等。灰泥内孔隙为碳酸盐岩灰泥中存在的微孔隙。胶结物孔隙为胶结物内发生溶解作用形成的溶孔及胶结物晶体之间的残留孔隙。

2. 粒间孔与粒内孔

碳酸盐岩的粒间孔隙是指碳酸盐岩颗粒之间的孔隙，包括原生粒间孔隙和粒间溶孔。原生粒间孔隙是指在颗粒含量高，颗粒呈支撑状时粒间未被灰泥和胶结物填充的部分。灰泥，又称灰泥基质，是碳酸盐岩基本组成成分之一。粒间溶孔是指颗粒之间的灰泥或胶结物受溶解和颗粒边缘被选择性溶解所形成的孔隙。

碳酸盐岩的粒内孔隙是指碳酸盐岩颗粒内部的原生孔隙和粒内溶孔。原生粒内孔隙通常是指生物体腔孔隙，即生物死亡后，软体部分腐烂溶解，体腔未被全部填充而保存下来的孔隙。张力孔隙连通性差，有效孔隙度不高，但常与生物碎屑粒间孔隙伴生，形成较好的储层。

3. 粒内溶孔

粒内溶孔是指各种碳酸盐岩颗粒内部由于选择性溶解，颗粒被局部溶蚀而形成的孔隙。当溶蚀作用扩展到整个颗粒，形成与原颗粒形状、大小完全一致的铸模时，可称为颗粒铸模孔隙。

4. 晶间孔

晶间孔是指碳酸盐岩矿物晶体之间的孔，大部分是白云岩成岩作用形成的。白云岩中晶间孔隙的发育主要是白云岩晶体之间未被置换的碳酸钙或石膏溶解所致。

5. 晶内溶孔和晶体铸模孔

晶内溶孔为晶体内部被溶蚀而形成的孔。若整个晶体被溶蚀，形成了与原晶粒形状、大小相同的铸模时，则称为晶体铸模孔。

6. 通道孔

通道孔是指横向连续好且呈板状或扁平状通道的孔隙，为溶解作用成因。

7. 溶洞

溶洞是指不受岩石组构控制，由溶解作用形成的较大的储集空间，这类孔隙形态不规则，大小不一，连通性各异。其直径一般很大，有些可达 1.5～2m，甚至更大。

8. 晶洞

晶洞也称孔洞，为直径小于 1cm 的溶洞。另外，直径大于 1cm 但小于 1m 的溶洞称为小洞。直径大于 1m 的溶洞称为大洞。

1.2　页岩微纳空间特征

页岩是一种由黏土、石英、碳酸盐等微小颗粒堆积而成的沉积岩，具有层状结构和各向异性。页岩中除有机质以外，还包括石英、长石、方解石、白云石、蒙脱石、伊利石、伊蒙混层、绿泥石、菱铁矿和黄铁矿等无机矿物，龙马溪组页岩中石英的含量为 17%～72%，黏土矿物含量为 12%～66%。页岩的组成包括孔隙、有机质、黏土矿物、脆性矿物等。页岩中含有大量微观孔隙和裂缝，其中储存着水、油气和阴阳离子等流体。这些流体在页岩中形成复杂的多相系统，对页岩的物理、化学和力学性质有重要影响。

与碎屑岩和碳酸盐岩类似，页岩中也存在各种不同粒间孔、晶间孔和裂缝等，但不同的是，在页岩中，页岩的孔隙主要是干酪根在烃源岩埋藏成岩热演化过程中，发生芳香核的重排、缩合、石墨晶体化过程中形成的，这类孔隙称为有机孔。页岩中的有机孔主要发育于固体沥青和富氢干酪根中，有机孔的形成与演化贯穿生烃全过程。

1.2.1　页岩孔的类型

页岩中孔隙类型多样，从不同的角度有不同的分类。一般地，将页岩的储渗空间分为基质孔隙和裂缝，基质孔隙主要有矿物颗粒间孔隙、溶蚀孔隙、晶间孔隙、黏土无机孔隙、黄铁矿孔隙和有机孔隙等。

同时又可以将基质孔隙分为有机孔和无机孔两大类，如图 1.2 所示。其中，有机孔隙包括干酪根原生生物结构孔隙、固体干酪根次生孔隙以及固体沥青再演化形成的孔隙等。无机质孔隙包括在矿物颗粒中形成的粒间孔、溶蚀孔和晶间孔，黏土无机孔隙、矿物粒内孔隙，以及黄铁矿等特殊矿物形成的孔隙。根据连通性，页岩中的孔隙分为连通孔隙和非连通孔隙。在场发射扫描电子显微镜下，可以观测到页岩中的有机孔、无机孔、黏土矿物粒间孔、化石孔和微裂缝。国外学者通过电子显微镜技术发现巴巴尼特和伍德福德页岩中存在 6 种不同的孔缝系统，分别为有机质内孔隙、黏土矿物絮状结构孔隙、球粒内部孔隙、化石碎屑孔隙、矿物颗粒内部孔隙以及微裂隙。

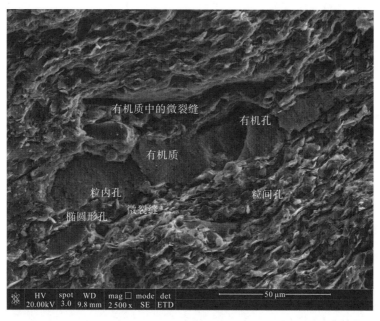

(a)

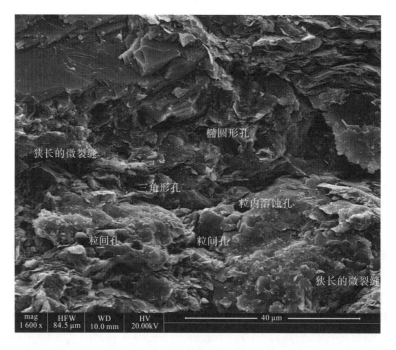

(b)

图 1.2　电镜薄片观测到的页岩内各种孔缝

页岩的孔隙类型多样，具有强烈的非均质性，主要表现在组成的多样性和孔隙系统的多尺度特征。

(1)有机孔是页岩孔隙的主要存在形式，也是页岩区别于碎屑岩和碳酸盐岩的重要特征。有机孔与页岩的热演化生烃过程有密切关系。有机孔大小一般为纳米尺度(几纳米到几十纳米)，多数为圆形或者椭圆形。椭圆形孔的短轴一般垂直于页岩层理面，这与岩层的压实作用有关。有机质可以单独成片存在，也可以与矿物伴生，如黄铁矿晶体、黏土矿物。研究发现，草莓状黄铁矿颗粒间镶嵌的有机质中发育大量的有机孔。另外，大量国内外研究发现，页岩有机孔的分布存在强烈的非均质性。

(2)无机孔包括矿物粒内孔、粒间孔和晶间孔，多数为椭圆形或者三角形。美国伊格尔福特页岩中发现磷灰石中存在大量粒内孔。粒间孔指存在于矿物与矿物，或者矿物与有机质边界的孔隙。页岩中的无机孔多与黏土矿物相关，如伊利石、云母、绿泥石、磷灰石。

(3)微裂缝包括构造缝、异常压力缝、矿物收缩缝和层间缝等，裂缝尺寸可以达到微米级别。目前国外成功开采的页岩多为裂缝性储层，如密歇根盆地安特里姆组页岩。根据形态特征，页岩中的天然裂缝可以分为开启缝和充填缝。开启缝既是页岩气的储集空间，也是开采过程中页岩气从基质流入井底的通道，影响页岩气的采收率。另外，充填缝虽然不提供储集空间，但可以提高开采过程中的压裂效果。

1.2.2 页岩孔的大小与形状

页岩是一种天然且复杂的多孔介质，孔隙是其主要的特征之一，组成页岩的颗粒的直径小于 0.0039mm，因此页岩比常规砂岩和砾岩等组成更致密，用于表征常规储层的技术手段很难适用于页岩。页岩储层孔隙以纳米尺度为主，平均孔径在 100nm 左右。但孔隙的尺寸可由纳米级变化至微米级或更大，并组成连续变化的孔隙系统。根据国际纯粹与应用化学联合会(International Union of Pure and Applied Chemistry，IUPAC)对孔隙的分类标准，按照孔隙尺寸将页岩中的孔隙分为微孔，小于 2nm；介孔，2～50nm；宏孔，大于 50nm(图 1.3)。也有专家对此进行更细致的划分，其标准是：微孔，小于 2nm；小介孔，2～10nm；中介孔，10～25nm；大介孔，25～50nm；宏孔，大于 50nm(Chalmers and Bustin，2012；Thommes et al.，2015)。实验表明，一般吸附气体主要存储在小于 10nm 的微孔隙内，游离气则主要存在于大于 50nm 的宏孔隙内。

在扫描电镜下观察，页岩孔隙形状一般可划分为圆形、椭圆形、三角形和方形。根据龙马溪组页岩扫描电镜观测结果，页岩孔隙有长方形、椭圆形以及三角形等。

1.2.3 页岩有机孔形成与保存

页岩中的芳香类物质在演化过程中，有机物的分子力使得分子间相互作用引起脂族链桥和杂环官能团断裂，然后释放出大小不等的碎片，形成孔隙空间。随着空间位阻效应的产生，缩合反应受到抑制。但当官能团被排出时，因缩合反应加剧，周围芳香核重排、缩聚，导致孔隙减少。有机质不再发生芳构化使得孔隙减少或消亡。所以，有机孔的形成与保持实际上取决于烃类的生成、原地滞留和干酪根芳香核的演化。有机孔的保存受成熟度和成岩作用控制，包括烃类原位滞留的空间位阻效应、重结晶形成的刚性矿物格架、孔隙流体压力与页岩脆-延性转换的耦合支撑机制；实验表明，镜质体成熟度 R_o=4.0%是有机孔消亡的门限值，烃源岩抬升前处于开放状态，孔隙减少。

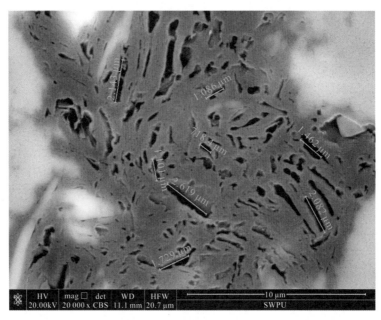

(a)

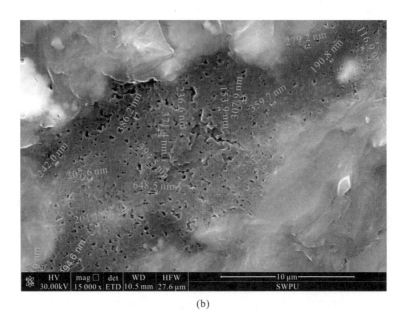

(b)

图 1.3　纳米级的孔缝

1.2.4 页岩有机孔的非均质性

不同类型的有机质，形成的有机孔在形状、大小、空间分布等都有很大的差异，使得有机孔具有很强的非均质性。不同有机质或同一有机质不同部位的组分、结构不同而使孔隙发育程度和分布都不均匀。

在沉积有机质组分中，芳香族、脂族和杂环官能团三者的不同比例形成了不同类型的有机质，根据其比例，将有机质划分为三种类型，即富含富氢富脂族结构的腐泥型有机质（Ⅰ、Ⅱ型）、富含贫氢芳香结构的腐殖型有机质（Ⅲ型）。美国高产气页岩的有机质类型以Ⅰ型和Ⅱ型为主，此外少量来自Ⅲ型。如安特里姆页岩有机质类型主要为Ⅰ型，俄亥俄（Ohio）页岩为Ⅰ型和Ⅱ型混合，新奥尔巴尼和巴尼特页岩主要为Ⅱ型，刘易斯（Lewis）页岩以Ⅲ型为主；我国四川盆地龙马溪组页岩有机质类型主要为Ⅰ型和Ⅲ型（Zou et al.，2010）。

富氢组分，尤其类脂组分释放出大量的沥青或石油碎片，既能促使干酪根发育孔隙，又能使得沥青裂解生成富含孔隙的固体沥青。贫氢组分，尤其是腐殖型有机质，生油潜力低，主要依靠自身富氢部分的生气过程而局部产生孔隙，缺乏富含孔隙的固体沥青。浮游藻类、疑源类等富氢富脂族结构腐泥型有机质普遍发育孔隙。笔石体属于富碳贫氢的腐殖型有机质，主要由芳香环结构组成，生烃能力与Ⅲ型干酪根或镜质体相当，有机孔不发育。

在生烃过程中，干酪根生成孔始终处于固相状态，结构和组分的不同，以及组分的分解或缩聚反应强度的差异，导致干酪根孔隙具有强烈的非均质性（图1.4）。特别是脂肪族、杂环官能团等逐渐脱落后以烃类或其他挥发物逸出，从而产生孔隙。在更高热成熟条件下，烃类被排出，干酪根芳构化、缩聚强烈，使得其结构更为有序和紧密，进而导致孔隙大量减少，并逐渐趋向石墨晶体。干酪根孔隙发育程度取决于有机质性质、排烃效率和缩合程

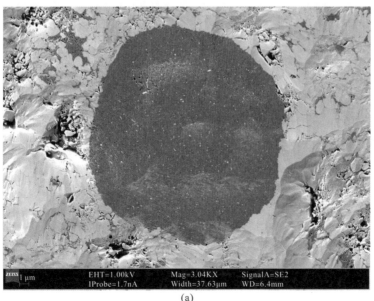

(a)

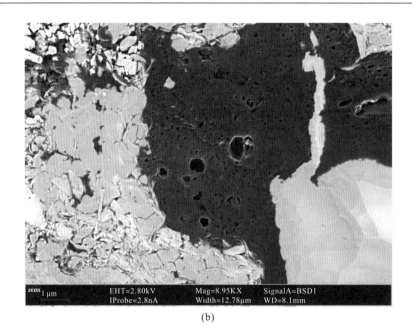

(b)

图 1.4　干酪根中的非均质孔

度的综合作用。这类孔隙发育非均质性强，分布不均匀，呈不规则棱角状，大小相对均一。与干酪根孔隙相比，沥青孔隙发育相对均匀，多呈海绵状或蜂窝状、大小共存的复合型圆形或椭圆形孔隙。

由此可见，有机质类型是有机孔大量形成的基础条件，有机质组分、结构及生烃过程的差异性是控制有机孔发育程度及其非均质性的内因。

1.2.5　页岩孔的影响因素

影响页岩孔隙发育的因素大致可总结为两大类，一类是外部控制因素，包括构造应力、埋藏深度、沉积环境等；另一类是内部控制因素，包括有机碳含量、有机质类型、有机质含量、有机质成熟度和矿物组成等，但是各项指标对孔隙的影响程度目前并没有统一的认识。

实验发现总有机碳含量与孔隙比表面积、孔体积之间存在一定的相关性（王鹏威等，2019）。场发射扫描电子显微镜（field emission-scanning electron microscope，FE-SEM）、聚焦离子束扫描电子显微镜（focused ion beam-scanning electron microscope，FIB-SEM）、聚焦离子束氦离子扫描电镜（focused ion beam-helium ion microscope，FIB-HIM）等可以直接观察到有机质中发育大量的纳米孔隙。页岩中不同类型的有机质，其孔隙发育的程度也不一样，但规律性不明显。说明有机质类型对孔隙发育有重要影响，从而造成局部微小区域孔隙发育的差异。通过对有机质成熟度与有机孔发育程度的分析发现，有机孔的生成和演化规律与页岩生排烃演化史基本上对应。

无机孔主要受两方面的影响：①黏土矿物的转化、运移与分布。蒙脱石、高岭石、伊蒙混层在热演化过程中逐渐向绿泥石、伊利石等转化，在沉积成岩过程中，黏土矿物与碎屑颗粒胶结成岩，最终会以层状、分散状、内衬状、搭桥状、混合状等多种形式存在于骨架或孔隙内壁，从而影响无机孔的发育。②溶解作用，主要是指长石和方解石矿物内部易形成溶孔。通过高分辨率图像技术可以观察到各种无机孔，如晶间孔、粒间孔、溶孔等。

1.3　孔隙结构特征表征方法

要表征岩石的孔隙结构，必须定义某些关键参数，其中包括孔径大小、长短轴之比、孔径分布、面孔率、孔隙容积、喉道半径，还包括裂缝的相关参数，如裂缝的长度、张开度、倾角、方位以及裂缝的发育密度等参数。

表征岩石的孔隙结构特征有三大类方法，包括物理实验测试、数字岩心技术和数理统计。物理实验测试主要是指采用各种仪器，如压汞、扫描电镜、计算机断层扫描、核磁共振等仪器直接观测测试岩心的孔隙结构。数字岩心技术主要是指通过数值模拟的方法，模拟岩心的孔隙结构，进行量化研究。数理统计则主要是指采用各种数理统计方法，对得到的数据进行统计分析，以发现孔隙结构的主要特征。数理统计方法实际上包含在前面两种方法之内，与前两种方法相辅相成。

1.3.1　孔隙结构表征参数

准确表征泥页岩的微观孔隙结构是页岩类非常规储层综合评价的重要和关键内容。定性的评价包括对孔隙类型、大小、性质、结构形态、连通性以及发育主控因素等方面的描述，定量的评价包括有机孔、无机质孔演变、各类型孔隙占比、孔隙的定量比、孔喉、比表面积及其对吸附的影响、非均质性、连通性等方面的描述。孔隙度可以通过不同的方法进行定性描述和定量测量，如采用各种扫描电镜、氦气法、压汞法、核磁共振法等进行定性定量描述。孔隙比表面积可以通过气体吸附法、压汞法等方法测量。孔径分布是指页岩中不同大小的孔隙所占的比例，可以通过各类电镜扫描方法进行定性评价，采用压汞法、气体吸附法、核磁共振法等进行定量评价。孔隙类型可以通过不同的方法识别，如采用扫描电镜、压汞法、气体吸附法等进行定性定量评价。孔隙形态和连通性可以通过各类扫描电镜进行不同尺度不同分辨率的精细描述，也可以通过压汞法、气体吸附法、小角度散射法、核磁共振法等进行定量评价。

1.3.2　孔隙结构表征方法

如前所述，页岩的孔隙结构非常复杂，其孔隙尺度跨度大，相比其他岩性的孔隙，页岩的孔隙结构更加微小，常规观测和实验手段难以对微纳米级孔隙进行有效表征。

定性方法主要是通过各类扫描电镜或成像技术来开展研究,包括扫描电子显微镜、透射扫描电镜、场发射扫描电镜、偏振光显微镜、聚焦离子束扫描电镜、原子力显微镜等方法和微纳米 CT(computed tomography,电子计算机断层扫描)等。通过以上实验和技术手段获得页岩表面的微观形貌特征,其最大的特点是直观。在获得图像信息的基础上,结合数理统计的方法,对孔隙度、比表面积和孔径分布等信息进行量化。

定量方法主要是使用流体注入和非流体注入的方法来获得页岩的孔隙体积、比表面积和孔径分布。流体注入方法有压汞和高压压汞、低压气体吸附,非流体注入方法有小角度和超小角度散射实验及核磁共振技术。

实际上,单一方法很难完整表征页岩孔隙结构特征。目前一般采用多手段联合的方法来实现定性和定量表征页岩储层孔隙组成和分布特征,这些方法适用于不同精度的孔隙结构的实验测试与表征,可参照图 1.5。下面对这些方法进行简要的介绍。

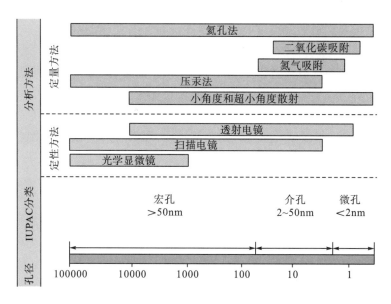

图 1.5   测定页岩储层孔隙结构的常用方法

(据杨钦,2022 修改)

1. 定性或半定量表征法

扫描电子显微镜(scanning electron microscope,SEM)法是研究岩石孔隙结构特征的重要方法,利用这种方法可以仔细地观察到储层岩石的主要孔隙类型,如粒间孔隙、微孔隙(包括粒内溶孔、杂基内微孔隙、微裂缝等)和喉道类型,并且可以测定出孔喉半径等参数。利用扫描电镜可以识别样品的组成结构、自生胶结物分布及类型、微孔隙大小、类型、喉道及连通情况、成岩后生作用及储集层性质,观测矿物形态及其表面特征,观察古生物形态与结构;可揭示生油层的微观结构和干酪根类型特征、煤生成油气的痕迹。但是扫描电镜分辨率不是很高,它不能显示样品的内部细节。

透射电子显微镜(transmission electron microscope,TEM)是以波长极短的电子束作为光源，电子束经电磁透镜聚焦成一束近似平行的光线穿透样品，再经成像和放大后，电子束投射到主镜筒最下方的荧光屏上，形成所观察样品的图像。TEM 能提供样品约 5nm 的高分辨率图像。但是 TEM 实验要求很高的真空度，若页岩样品具有挥发组分将影响成像质量。TEM 可实现矿物在亚微米尺度上元素种类和价态的能量色散谱与能量损失谱、电子衍射分析，能够帮助进行样品的形貌观察。TEM 可实现二维和三维重构成像，对孔缝进行定性分析。

场发射扫描电镜（field emission-scanning electron microscope，FE-SEM）是利用场发射电子枪产生高能量、高亮度、高稳定性的电子束，通过电磁透镜将电子束聚焦到样品表面，形成一个微小的电子束斑。电子束扫描样品表面会与样品原子发生相互作用，产生不同类型的信号，如二次电子、背散射电子、X 射线等。这些信号可以被不同的探测器收集和放大，然后转换为图像信号，形成样品表面的显微图像或元素分析图谱。场发射扫描电镜主要用于观察和分析具有纳米级分辨率的样品表面的形貌、结构和成分等信息，可用来分析页岩中的无机和有机成分及其在孔缝中的分布形态。

偏振光显微镜（polarized light microscope，PLM）是利用偏振光来观察和分析介质的各向异性和双折射性。偏振光通过具有各向异性或双折射性的介质会改变振动方向，分裂为两束或产生干涉色等现象。这些变化与样品的结构和光学性质有关。偏振光显微镜主要用于研究和鉴定具有各向异性或双折射性的介质，如晶体、纤维、高分子、矿物、生物组织等，可以识别出页岩中的有机质类型、含量、成熟度、有机孔隙发育程度、无机物成分和无机孔发育程度等，分析其分布、形态、取向及相互关系，再进一步评价页岩的储层质量、孔隙度、渗透率、裂缝发育程度等。

聚焦离子束扫描电镜（focused ion beam-scanning electron microscope，FIB-SEM）是一种结合了聚焦离子束（FIB）和扫描电子显微镜（SEM）的仪器，可以在纳米尺度上对样品进行成像、刻蚀和沉积等操作。聚焦离子束扫描电镜利用高压电场将金属镓的原子离子化，然后通过电磁透镜将离子束聚焦到样品表面，形成一个微小的离子束斑。当离子束或电子束与样品表面相互作用时，会产生不同类型的信号，如二次电子、背散射电子、二次离子、X 射线等，这些信号可以被相应的探测器收集并转换成图像信号，显示在屏幕上。通过控制离子束或电子束的扫描方式和参数，可以实现对样品表面的逐行扫描或定点照射，从而获得样品的表面形貌图像或对样品进行刻蚀或沉积等处理。聚焦离子束扫描电镜可用于研究页岩岩心的微观孔隙结构和分布特征，描述裂缝形成过程，半定量地计算页岩储层的渗透率、孔隙度等参数，分析页岩成因、演化、有机质和无机质的组成成分，用于研究页岩的力学性质和变形机制。

原子力显微镜（atomic force microscope，AFM）有三种扫描模式，分别为接触模式、非接触模式和轻敲模式。接触模式主要是在扫描过程中，探针尖端始终与样品表面接触，探针尖端和样品之间的距离在排斥力作用区域内，该模式可以在真空、空气和液体环境下快速成像，扫描速度快。非接触模式是指探针尖端在样品表面上方振动，而不直接接触样品表面，相比于接触模式，对样品不会造成损伤，成像速度较慢，分辨率也较低。轻敲模式结合了接触和非接触模式的优势，在扫描过程中，探针尖端与样品表面进行间歇接触，很好地消除了一些影响因素，图像分辨率较高，适用于测量较软、易碎的样品，且不会损伤样品表面。原子力显微镜能够显示样品表面微观结构和孔隙分布，计算样品表面粗糙度，识别孔隙结构等，可实现页岩表面形态的三维成像，反映岩石表面的真实空间结构，呈现有机质内部结构信息，显示孔喉结构形态、大小和分布特征，定量分析孔隙大小、深度、渗透率和连通性等。

计算机断层扫描(computed tomography，CT)是利用射线(X射线或γ射线)穿过介质后强度的衰减作用研究介质内部结构的无损检测技术，按其分辨率可分为CT、微米CT、纳米CT三类，其分辨率分别为mm、μm与nm级。主要包括两部分：射线束发射与极高灵敏度的探测器，大概过程就是射线围绕岩心作断面扫描，再由探测器接收穿过岩心的衰减后的射线信息，然后通过计算机处理，获得该断面各点的射线吸收系数值，并且把不同的数据以不同的灰度等级通过图像显示出来，这样在监视器上就可以清晰地观察该断面的孔隙结构。通过CT扫描，可以得到岩石孔喉分布情况、连通性以及物性参数等。MicroCT、NanoCT属于发射式电子显微镜，是一种无损伤的图像表征方法。目前CT扫描技术可以生成高达2000×2000×2000个体素的三维图像，现代MicroCT、NanoCT可以对样品孔隙中的流体相态进行区分。有学者通过四维成像技术实现了高温高压条件下的岩石孔隙结构和流体成像。

2. 定量表征法

众所周知，岩心压汞实验是一种利用汞在高压下注入岩心孔隙的方法。该方法用来测量岩心的孔隙结构特征，如孔隙度、渗透率、喉道半径分布、孔道半径分布和孔喉比分布等。根据毛细管束模型，利用沃什本方程(Washburn equation)计算不同压力下对应的喉道半径，然后根据进汞体积和岩心体积计算不同喉道半径下的孔隙度，从而得到岩心的毛管压力曲线。岩心压汞实验主要用于评价储层的渗流能力和流体赋存状态，评价储层的孔隙结构类型，如大孔细喉、小孔细喉、大孔大喉等；评价储层的流体饱和度，如残余油饱和度、可动水饱和度等，这些参数对储层的开发效果有重要指导作用。压汞实验配合电镜扫描或CT技术对页岩的孔隙结构、孔隙度、渗透率及饱和度等参数进行更全面的评价。

高压压汞是利用汞对多孔材料的不润湿性，通过施加不同的压力，使汞依次进入不同大小的孔隙中，根据压力和进汞量的关系，计算出孔径分布、孔隙度、比表面积等参数。高压压汞的主要用途是测定部分中孔和大孔的孔隙结构特征，适用于孔径范围为 3nm～360μm 的多孔介质。

低压气体吸附(low pressure absorption，LPA)是一种利用气体分子在固体表面的吸附现象来分离和提纯气体的技术。在一定的温度和压力下，不同的气体分子对固体表面的吸附能力不同，从而实现气体的分离。在岩心测试方面，低压气体吸附是在等温条件下将 N_2 和 CO_2 探测气体注入含有样品的封闭系统中，记录不同压力下样品对探测气体的吸附量，并配合理论模型计算而得到孔隙的大小、体积、比表面积和孔径分布等参数。低压气体吸附实验所能表征的最小孔径与所使用的探测气体的分子动力学直径相关，比如 CO_2 的分子动力学直径为 0.35nm，而该实验所能表征的最大孔径与最高压力下的实际吸附量相关。N_2 吸附实验是在液氮氛围下进行的，在此低温条件下 N_2 分子不容易进入微孔，而 CO_2 吸附是在冰水混合物介质中进行的，在此温度下 CO_2 具有更大的动能以进入微孔，因此，CO_2 吸附的适合表征孔隙在微孔段，而 N_2 吸附的优势表征孔隙为介孔和大孔。因此，常常将两者结合使用来表征页岩的孔隙特征，能实现最大的表征孔径段为 0.35～300nm。

小角度散射实验(small angle X-ray scattering experiment, SAS)是利用高强度的 X 射线或中子束照射样品，在靠近入射光束周围的小角度范围内发生散射现象。这些散射信号可以被探测器收集和分析，从而反映出样品中原子和分子的分布和结构。小角度散射的主要用途是研究和鉴定具有纳米级分辨率的样品表面和内部的形貌、结构和成分等信息。它可以应用于多种材料和体系。小角散射可用来分析页岩中的无机和有机成分及其在孔缝中的分布形态。

超小角度散射实验(ultra-small angle X-ray scattering experiment, USAS)是一种利用 X 射线在极小的散射角范围内(通常小于 0.1°)与样品相互作用产生的散射信号来研究样品的微观结构和形态的技术。USAS 需要使用同步辐射光源或 X 射线自由电子激光进行散射，用于研究纳米材料、介孔材料、生物大分子、高分子等领域中具有亚微米级(10～1000nm)结构特征的样品，如纳米颗粒、纳米孔隙、纳米纤维、纳米复合材料等。USAS 可用于研究页岩中存在的微观孔隙和裂缝的形态与分布特征，从而更好地评估页岩储层的渗透率、孔隙度等参数；用于评价页岩中有机质和无机质的组成和相互关系，从而更好地理解页岩成因、演化、裂缝形成等过程。

核磁共振技术是利用核磁共振的信号强度来反映页岩的孔隙信息，其对页岩储层物性和流体特征分析是以研究介质(水和甲烷)中的氢原子核在磁场中的响应为基础的，通过测量不同原子核的共振频率和信号强度，反映出原子核所处的化学环境和物理状态。核磁共振技术可以提供丰富的信息，如化学位移、自旋耦合、自旋弛豫、自旋密度、自旋极化等，反映分子的微观结构和宏观性质。强磁场与页岩流体中的氢原子核的自旋相互作用，通过弛豫时间谱，反映氢质子的自旋状态和赋存状态。弛豫时间可分为纵向弛豫时间(T_1)和横向弛豫时间(T_2)。由于孔径与其中流体的横向弛豫时间 T_2 存在正相关关系，因此，当流体为单相流时，可直接代表孔径大小，于是通过 T_2 分布就可确定页岩孔径大小。

核磁共振测试对样品没有破坏性，可区分页岩中不同类型的孔隙，包括黏土孔隙、有机孔隙、无机孔隙、微裂缝等，可定量表征页岩的孔隙半径及其分布、流体饱和度、可动流体含量等参数，并表征不同类型的流体，包括水、油、气等在孔隙中的分布和可动性。

3. 数字岩心技术

数字岩心是近年发展起来的一种新型分析手段，其基本原理是利用各种先进的电子扫描显微镜获得岩石样品的二维、三维扫描图像等，然后通过计算机图像处理技术，重构出岩心的孔隙结构和物理性质。与此同时，基于数字岩心技术的数值模拟也受到越来越多的关注。它不受时间和空间尺度的限制，能重复高效完成不同场景下的复杂渗流过程预测。数字岩心技术在油气勘探开发、储层评价、渗流模拟等领域发挥着越来越重要的作用。

数字岩心技术起源于 20 世纪 80 年代，经过近 40 年的发展，已经形成了一套完善的理论体系和技术方法，硬件设备先进，配套软件完善，能够对不同类型和尺度的岩心进行高精度的数字化分析。数字岩心软件配合纳米 CT、同步辐射 CT、聚焦离子束扫描电镜等，实现了对不同尺度和分辨率的岩心的定性定量评价。通过采用基于深度学习、多相流重构、多标签图像分割等算法，实现岩心的二维、三维图像重构。数字岩心技术涉及的算法有格子玻尔兹曼法的渗流模拟、基于有限元方法的力学模拟、基于多物理场耦合的物性预测等。通过将数字岩心技术与其他技术相结合，如与地震技术、测井技术、数值模拟技术等相结合，实现对不同尺度和层次的储层进行多维度、多角度的评价。通过建立合理的渗流模型，模拟不同流体在数字岩心中的运动和分布，计算岩心的渗透率、相对渗透率、毛细压力等参数。通过考虑岩心的应力应变关系，模拟不同加载条件下岩心的变形和破裂，计算岩心的弹性模量、泊松比、断裂韧性等参数。通过结合岩石物理理论和实验数据，预测数字岩心的电学、声学、热学等物理性质，为储层评价提供依据。

国内数字岩心技术研究主要在以下方向开展：利用数字岩心技术模拟低渗透储层的微观孔隙结构、孔隙连通性、渗流机理；针对致密油气储层中孔隙尺度小、孔隙类型多样、孔隙分布不均等特点，利用数字岩心技术对其进行精细的描述和模拟；模拟碳酸盐岩储层中复杂孔隙类型、孔隙形成机制和孔隙演化过程；针对页岩气储层中有机质孔隙发育、裂缝发育、吸附气体丰富等特点，利用数字岩心技术对其进行详细的识别和模拟，为页岩气储层评价提供参考。

1.3.3 气体吸附理论

利用数字岩心技术对页岩进行建模时，必须用到页岩气体吸附的相关理论。以下简要介绍在表征页岩气孔隙特征方面使用较多的几种气体吸附的数学模型。

1. 朗缪尔理论

朗缪尔(Langmiur)吸附理论是一种描述单分子层吸附的模型，它假设固体表面是均匀的，吸附分子之间没有相互作用，吸附和解吸达到动态平衡。朗缪尔吸附方程(1.1)可用来计算吸附量和压力之间的关系。

$$V_a = \frac{V_L \times P}{P_L + P} \tag{1.1}$$

式中，V_a 为吸附气含量，cm^3/g；V_L 为朗缪尔体积，表示达到饱和吸附时所吸附的气量，cm^3/g；P 为地层压力，MPa；P_L 为朗缪尔压力，是吸附气量达到饱和吸附量一半时的压力，MPa。

在页岩评价中，朗缪尔吸附理论可用来估算页岩中的吸附气含量，进而评价页岩气的资源潜力和开发难度。由于深层页岩气藏中的压力和温度较高，因此朗缪尔模型需要进行修正，以适应页岩孔隙结构及其所含气体的非均匀性。

2. BET 理论

BET 理论是一种描述多分子层吸附现象的经典理论，由 Brunauer、Emmett 和 Teller 于 1938 年基于朗缪尔单分子层吸附理论提出来的。该理论认为，孔隙的尺寸越小，在沸点温度下气体凝聚所需的分压就越小。在不同分压下所吸附的吸附质液态体积对应于相应尺寸孔隙的体积，故可由孔隙体积的分布来测定孔径分布。

　　BET 理论假设吸附剂表面是均匀的，吸附质分子可以在任何已被占据的吸附位上形成无限多层，固体与气体之间的物理吸附是由范德瓦耳斯力造成的，气体分子之间也存在范德瓦耳斯力，所以吸附可以形成多分子层，各层之间的相互作用与液体内部分子之间的相互作用相同。BET 理论可以建立描述吸附量与相对压力之间关系的方程，即 BET 等温式(1.2)。可以利用 BET 等温式计算出页岩的比表面积、孔容、孔径分布等参数。这些参数可表征页岩的储层质量和含气量，对于评价页岩气资源潜力和开发效果有着重要意义。

$$V_a = \frac{cPV_m}{(P_0 - P)[1 + (c-1)P/P_0]} \tag{1.2}$$

式中，c 为常数，与固体介质的吸附热有关；P 为吸附压力，MPa；V_m 为单层吸附量，cm^3/g；P_0 为饱和蒸气压，MPa。

　　但是，由于 BET 是基于介孔和宏孔材料，并且有无数个吸热层，还假定吸附仅发生在气固界面，所以对含有大量微孔的页岩应用此理论模型计算比表面积会产生较大的误差。因此，根据页岩含有较多的微孔和复杂的孔隙结构以及吸附过程中的微孔充填效应，由 Schneider(1995)提出的一种改进的 BET 理论模型更合适于页岩的孔隙研究。

3. BJH 理论

　　1951 年，由 Barrett、Joyner 和 Halenda 三人联合提出表征毛细管凝聚/蒸发现象的方法，称为 BJH 理论。BJH 理论假设，孔全部为圆柱形孔，吸附的气体分为两部分：一部分来自孔壁的液膜吸附，另一部分来自孔内部毛细凝聚现象。当压力从一个值下降到一个极小值时，这个压力对应一定的孔径范围(假设就是一个孔径)，这个孔径的所有孔所对应的毛细凝聚的氮气全部被释放，而液膜吸附的氮气量仍然保持不变。该理论用于计算在 2～100nm 范围的孔径分布特征，BJH 方程如下：

$$r = 2 \times 10^9 \times \frac{\sigma V_N}{RT} \ln\frac{P_0}{P} + 0.605\sqrt[3]{\ln\frac{P_0}{P}} \tag{1.3}$$

式中，r 为孔隙半径，nm；σ 为液氮与孔隙壁面表面张力，N/m；V_N 为液氮摩尔体积，m^3/mol；P 为注入气体的压力；P_0 为气体饱和时的压力；R 为气体普适常数；T 为气体热力学温度。

　　BJH 理论在页岩评价中的作用主要是通过测量页岩样品在不同压力下的氮气吸附等温线，反演出页岩的孔隙结构特征，进而评估页岩的含气量和储层物性。由于深层(超过3500m)页岩储层高温高压，纳米孔隙发育，在纳米限域空间内的气体将以"类固态密堆积"形式存在。深层页岩气赋存状态特征与中浅层页岩气存在明显差异，不同赋存状态对于页岩气流动和产能的影响很大。因此，如何准确描述深层页岩气吸附行为是评价深层页岩气储量和产能预测需解决的关键问题之一。

4. DFT 理论

　　分子吸附的 DFT 理论是一种基于密度泛函理论(density functional theory)的计算方法，用于预测材料表面或界面上分子吸附的能力。它可以在没有实验数据的情况下预测材料的吸附性能，是材料科学和化学领域中的重要工具。其原理是，将分子和材料的总能量表示为电子密度的泛函，而其他项可用经典的库仑势来计算。通过求解薛定谔方程，可以得到电子密度和分子轨道，从而计算分子和材料之间的吸附能和吸附构型。

密度泛函理论(DFT)模型[式(1.4)]是在分子水平上描述吸附介质的统计力学方法，是一种典型的量子力学方法(李海涛，2016)，通过量子力学的手段描述吸附质与吸附剂之间的相互作用以及模拟吸附剂对气体的宏观吸附性质。页岩气分子在页岩孔隙中的吸附和脱附过程可以由量子力学的方法来描述，采用多体薛定谔方程的近似值，进而为气体在页岩孔隙中的相互物理吸附过程提供详细的信息。DFT 是一种先进的孔径分布规律分析模型，被广泛应用于多方面的多孔材料，尤其是纳米孔碳质材料的孔径分析，能实现 0.35～100nm 孔径的孔隙特征分析(Song et al.，2017；De Souza et al.，2018)。由于页岩富含有机孔，因此使用基于碳质狭缝状孔隙而建立的 DFT 模型(Dombrowski et al.，2000)能提高对页岩中微孔和介孔分析的适用性和准确性。

$$Q(P) = \int q(P,r)s(r)\mathrm{d}r \tag{1.4}$$

式中，$Q(P)$ 为单位质量的岩石在压强 P 下吸附流体总量；$q(P,r)$ 为密度泛函，表示在压强 P 下，单位面积内半径为 r 的均匀孔隙所吸附流体分子的量；$s(r)$ 为半径为 r 的均匀孔隙所占的表面积。

如果通过实验，能够表征所研究区域的所有孔隙的数量和孔喉半径 (n,r_n)，则式(1.4)可改写为

$$Q(P) = \sum_{i=1}^{n} q(P,r_i)s(r_i) \tag{1.5}$$

近些年来，DFT 模型被广泛应用于研究页岩孔隙中各种气体的相互作用机理和吸附结合能，以及它们的电子性质、结构和孔径分布(Wang and Jin，2019)。根据微观方法获得的吸附等温线和实验测得的多孔介质等温线，可建立广义吸附等温线方程，再将多个单孔吸附等温线相乘，可对孔隙结构进行分析(Kowalczyk et al.，2017)。DFT 分子吸附理论不仅可用来模拟页岩和天然气之间的吸附过程，计算不同温度、压力、孔隙结构、矿物组成等条件下的吸附等温线、吸附热、过剩吸附量等参数，从而评价页岩储层的储集性能和开发潜力，还可用来研究页岩中不同类型有机质(如干酪根、沥青质等)对天然气吸附的影响，以及页岩在不同构造背景下(如褶皱、断裂、剪切等)受到变形作用后对天然气吸附性能的改变。

第2章 岩石孔隙中的流体粒子

本章主要介绍岩石孔隙中流体的主要分子、原子和离子的微观尺度大小、主要的化学和物理特征。由于流体粒子必然与黏土矿物颗粒产生相互作用，因此，本章也特别介绍组成黏土矿物颗粒的主要分子的特征以及它们与水分子和其他离子的相互作用规律。

2.1 微纳孔隙介质中的粒子

微纳孔隙介质中的流体包含多种粒子，可以根据其来源和性质进行分类。根据来源，可以将其分为原生性和次生性两类。原生性粒子是指在沉积过程中就存在于沉积物或岩石中的粒子，如油气、水溶性有机物等；次生性粒子是指在成岩作用或其他后期作用过程中生成或加入岩石或流体中的粒子，如 CO_2、H_2S、水溶性无机物等。根据性质，可以将其分为非极性和极性两类。非极性指粒子的电荷分布均匀，不易与其他粒子发生相互作用，如油气、CH_4 等；极性指粒子的电荷分布不均匀，容易与其他粒子发生相互作用，如 H_2O、CO_2、H_2S、水溶性有机物和无机物等。

孔隙中粒子的类型和含量受到多种因素的影响，如沉积环境、成岩作用、流体来源、流体运移等。不同的地层孔隙中粒子的组成和比例可能有很大的差异。如表 2.1 所示，列举了几种典型的地层孔隙流体的组成和含量。可以看出，不同的地层孔隙流体中，非极性粒子的含量一般较高，极性粒子的含量一般较低。但也有例外，如某些富含二氧化碳或硫化氢的油气藏，或某些富含水溶性有机物或无机物的地层水等。

表 2.1 几种典型的地层孔隙流体的组成和含量

地层孔隙流体	成分	含量/%
常规油气藏	$C_1 \sim C_5$	80~99
	CO_2	0.1~10
	H_2S	0.01~5
	水溶性有机物	<0.01
	水溶性无机物	<0.01
非常规油气藏	$C_1 \sim C_5$	50~90
	CO_2	5~40
	H_2S	0.1~20
	水溶性有机物	<0.01
	水溶性无机物	<0.01

续表

地层孔隙流体	成分	含量/%
	$C_1 \sim C_5$	<0.01
	CO_2	<0.01
地层水	H_2S	<0.01
	水溶性有机物	<0.1
	水溶性无机物	<10

2.1.1 粒子类型及其理化性质

地层孔隙中的粒子是指存在于地层孔隙中的水分子以及溶解在地层水中的分子和离子，它们在地层中是影响地层流体物理化学性质的重要因素。

1. 地层孔隙中离子的类型

地层孔隙中离子的类型主要取决于地层水的来源、成分和演化过程。一般来说，地层孔隙中常见的离子有以下几类：

(1) 碱金属离子：主要包括钠(Na^+)、钾(K^+)、锂(Li^+)等，它们通常来源于岩石风化或海水入侵，具有较高的活度和迁移能力。

(2) 碱土金属离子：主要包括钙(Ca^{2+})、镁(Mg^{2+})、锶(Sr^{2+})等，它们通常来源于碳酸盐岩或硅酸盐岩的溶解，具有较高的硬度和沉淀能力。

(3) 卤素离子：主要包括氯(Cl^-)、溴(Br^-)、碘(I^-)等，它们通常来源于海水入侵或盐类沉积物的溶解，具有较高的稳定性和迁移能力。

(4) 非金属离子：主要包括碳酸根(CO_3^{2-})、硫酸根(SO_4^{2-})、硝酸根(NO_3^-)等，它们通常来源于有机质氧化或硫化物氧化等生物地球化学过程，具有较高的反应性和变化性。

(5) 微量元素离子：主要包括铁(Fe^{2+}/Fe^{3+})、锰(Mn^{2+}/Mn^{4+})、铜(Cu^{2+})、锌(Zn^{2+})、铅(Pb^{2+})等，它们通常来源于岩石风化或人为污染，具有较高的毒性和富集能力。

2. 地层孔隙中粒子的物理化学性质

地层孔隙中粒子的物理化学性质主要包括浓度、电荷、活度、配位、络合、沉淀、吸附等，它们决定粒子在地层孔隙中的分布、迁移和转化。浓度影响粒子的活度、配位、络合、沉淀等过程；电荷影响粒子迁移、吸附、交换等过程；活度是影响粒子平衡、沉淀、溶解等过程的重要因素。

配位反映粒子的结构和稳定性，配位可用配位数和配位形式表示。配位数是指与中心粒子相连的配体个数，一般与电荷大小和半径有关。配位形式是指配位体围绕中心粒子所呈现的几何形状等。配位影响粒子迁移、吸附、交换等过程。络合反映粒子的亲和性和选择性，可用络合常数和络合比表征。络合常数是指络合物与自由粒子之间达到平衡时的浓度比值，可表征络合物的稳定程度。络合比是指络合物与自由粒子的比例，它反映络合物的占有率。络合影响粒子迁移、富集、沉淀等过程。沉淀反映粒子的沉积能力和沉积物特征。沉淀可用溶度积和饱和指数表示。溶度积是指沉淀物与粒子之间达到平衡时的浓度比值，它反映沉淀物的溶解程度。饱和指数是指沉淀物与自由粒子之间存在的超饱和或不饱和程度，它反映沉淀物的形成或溶解趋势。沉淀影响粒子含量、分布、沉积物特征等。吸附是指溶解在地层水中的某些粒子在与地层孔隙壁面接触时被吸附在其表面或内部的过程，它反映粒子的吸附能力和吸附剂特征。吸附可用吸附等温线和吸附量表示。吸附等温线反映吸附过程的类型和特性。吸附量是指单位质量或单位表面积的吸附剂上所吸附的粒子的质量或物质的量，它反映吸附过程的效果和程度。吸附影响粒子迁移、富集、交换等过程。

2.1.2　粒子的运移机制

孔隙中粒子几乎都是伴随着孔缝中流体的运动而运动的，它们在流体中或流体与岩石之间发生迁移，影响着油气藏和地层水的形成、分布和开发的整个过程。地层孔缝中粒子的迁移方向主要是沿着地层孔缝方向或垂直方向。沿着地层孔缝方向发生迁移的过程反映粒子与水流的耦合作用，而垂直于孔缝方向发生迁移的过程反映粒子由高浓度向低浓度扩散的趋势。地层孔隙中粒子的迁移机制可以分为两大类：流动和扩散。流动是指流体在压力梯度或其他驱动力的作用下，在地层孔隙中产生的宏观运动。扩散是指粒子在浓度梯度或其他势差的作用下，在流体中或流体与岩石之间产生的微观运动。

地层孔隙中粒子的迁移既要受到粒子自身的大小、形状、电荷、极性特征等多种因素的影响，又要受到孔隙结构、流体性质、温度、压力等条件限制。不同的粒子在不同的孔隙环境中有不同的扩散系数和扩散速率。例如，非极性粒子在非极性流体中，由于相互作用较弱，因此具有较高的扩散系数和扩散速率；极性粒子在极性流体中，由于相互作用较强，因此具有较低的扩散系数和扩散速率。

离子电迁移是指离子受到电场力作用而沿着电场方向发生迁移的过程，它反映离子与电场的相互作用。迁移可用迁移率和迁移通量表示。迁移率是指单位电场力下单位时间内离子通过单位截面积的距离，它反映离子迁移能力。迁移通量是指单位时间内通过单位截面积发生迁移运动的离子质量或物质的量，它反映离子迁移的多少。

2.2　氢　元　素

地球物理和地球化学的勘探过程，有很大一部分是反映地层中氢原子或氢离子，无论是电法勘探、声波勘探还是放射性勘探，都是波场或粒子与氢分子或氢原子的相互作用。因此，了解氢元素的特征，对于从微观上深刻理解波场与氢元素的相互作用至关重要。氢元素具有多样的物理化学特征，在地层中的运移规律受到多种因素的影响，如温度、压力、水文地质条件、微生物作用等。氢原子具有简单而独特的光谱学特征，可以通过各种光谱技术进行检测和分析。下面简要介绍氢元素在地层中的存在形式、物理化学特征和光谱学特征。

2.2.1 氢元素在地层中的存在形式

氢元素在地层中以不同的形式存在，如分子氢、水、有机物、氢化物等，氢元素和其他元素是通过氢键连接的。地层中的氢分子或氢原子主要存在于孔隙流体中，即甲烷 (CH_4)、硫化氢 (H_2S)、水 (H_2O) 和烃 (C_nH_m)。岩石矿物中的氢，则主要存在于含泥质的岩石中，是以黏土矿物的形式存在的。

分子氢在地层中主要来源于两种途径：一是岩石与水反应产生的水岩反应氢，二是有机物降解或变质产生的生物氢。分子氢在地层中的含量一般较低，但在某些特殊环境下，如深部岩石圈、深海沉积物、火山喷发区等，分子氢的含量可以达到较高水平，对地球化学和生命演化有重要影响。

水是氢元素在地层中最主要的存在形式，占据了地球表层约 71% 的面积。水在地层中具有多种形态，如液态水、冰、水蒸气等，参与了许多地质过程和生命活动，如岩浆活动、板块运动、风化剥蚀、沉积作用、生物代谢等。

有机物 ($C_nH_mO_pN_qS_r$ 等)：有机物通常指含有碳氢的化合物。有机物在地层中广泛分布，主要来源于生物遗骸或代谢产物的堆积和转化。有机物在地层中的类型和含量取决于原始有机质的性质、沉积环境、埋藏深度、地温梯度、微生物作用等因素。有机物在地层中的演化过程涉及氢元素的释放和消耗，对地层中的氢循环和平衡有重要作用。

氢化物 (MH_x)：氢化物是指氢与金属或类金属元素结合的氢化合物，如氢化钠 (NaH)、氢化镁 (MgH_2)、氢化硼 (BH_3) 等。氢化物在地层中的分布较为局限，主要存在于一些特殊的地质环境中，如深部地幔、海底热液区、陨石等。氢化物在地层中的形成和分解过程涉及大量氢元素的迁移和转化，对地球内部结构和演化有重要意义。

2.2.2 氢元素的物理化学特征

氢原子的原子半径为 53pm，比任何其他元素都小，氢原子的电离能为 1312kJ/mol，比碱金属都高，但比卤素都低。氢原子可以通过吸收或释放能量发生电子跃迁，产生特征光谱。氢元素可以与多数元素形成化合物。氢元素在化合物中最常见的化合价为 0、+1 或 -1，如 H_2、H_2O、NH_3、CH_4、$NaOH$、NaH、H_2O_2 等。此外，氢元素还可以与自身形成多聚体或团簇，如三聚氢 (H_3)、四聚氢 (H_4)、六聚氢 (H_6) 等。氢元素的电负性为 2.20，居于元素周期表的中间位置，这使得氢元素可以与不同电负性的元素形成不同类型共价键、离子键、金属键等。根据差值法，当与电负性大于 2.20 的元素结合时，氢呈现正电荷；当与电负性小于 2.20 的元素结合时，氢呈现负电荷；当与电负性等于 2.20 的元素结合时，氢呈现中性。

2.2.3 氢原子的光谱学特征

发射光谱：根据氢原子的电子跃迁的不同能级组合，氢原子受到激发可以得到不同系列的发射线，如里德伯系($n=1$)、巴尔末系($n=2$)、帕邢系($n=3$)、布拉赫系($n=4$)等。其中巴尔末系位于可见光范围内，包含了拉曼 α 线(H_α，656.3nm，红)、拉曼 β 线(H_β，486.1nm，深绿)、拉曼 γ 线(H_γ，434.0nm，青)、拉曼 δ 线(H_δ，410.2nm，紫)等不同颜色的谱线。氢原子光谱的波长可用里德拜公式(2.1)来计算：

$$\frac{1}{\lambda} = R_H \left(\frac{1}{m^2} - \frac{1}{n^2} \right) \tag{2.1}$$

式中，λ 为波长；R_H 为里德拜常数；m 和 n 为跃迁前后的主量子数，$m=1,2,3,\cdots,n=2,3,4,\cdots$，$m \neq n$。

吸收光谱：当氢原子受到特定波长的光照射时，电子会从低能级跃迁到高能级，吸收相应波长的光子。根据电子跃迁的不同能级组合，仍然可以得到上述四个谱系的光谱。吸收光谱可用于测定氢原子的含量和分布。

荧光光谱：当氢原子受到高能的电子或离子轰击时，电子会被激发到高能级，然后以荧光的形式释放出光子。根据电子跃迁的不同能级组合，仍可得到四个谱系的光谱。荧光光谱可用于测定氢原子的状态和所处的环境。

2.3　地　层　水

2.3.1　地层水的性质

《岩石中离子导电与介电》已经对地层水的形成、分类、物理性质、化学组成等方面做了介绍。本节对其中一些特性，从分子或离子的微观角度再做深入分析，为后面从量子力学角度，理解场与孔隙粒子相互作用提供帮助。

1. 水分子的极性

水的很多性质源自氢键，氢键一般被认为是静电作用，其键能约为 23.3kJ/mol，是弱于共价键、离子键和金属键，强于范德瓦耳斯作用的一种特殊的分子间作用力。水分子彼此形成氢键，并且是极性的。水分子中 2 个氢原子核与 1 个氧原子核构成以两个氢核为底的等腰三角形。水分子中由于氧氢原子各位于分子的一端，负电荷的重心在氧原子一端，正电荷的重心在氢原子一端，因此整个水分子的电性不平衡，从而使水分子产生极性。这种极性允许其分离盐中的离子并且与其他极性介质，如醇和酸牢固地结合，从而溶解它们。当极性介质放入水中时，分子的正端被吸引到水分子的负端，反之亦然。这些性质导致溶质分子与水分子均匀混合。氢键还具有许多的独特性质，例如，具有比其液体形式更不致密的固体形式，相对较高的沸点，以及较高的热容量。

2. 水分子的结构

如图 2.1 所示，液态的水分子之间，氢键网格是短、直、强的氢键和长、弯、弱的氢键的混合体。氢键不仅仅存在于水分子之间，而且在保持 DNA、蛋白质分子结构和磷脂双分子层结构的稳定性方面也起到非常重要的作用。

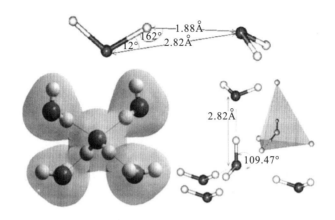

图 2.1　水分子间氢键及水分子形成的四面体结构

(1Å=10^{-10}m)

两个 H 与靠近 O 的两个 sp^3 轨道形成了两个共价 σ 键，每个 σ 键的电离能为 460kJ/mol。因为 O 具有高电负性，所形成的 O—H 键具有 40%离子特征。水分子的形状、键角和原子半径可见图 2.2。处于蒸汽状态的 H_2O 的键角为 104.5°，此值接近于完美四面体角 109°28′。O—H 核间距离为 0.0965nm，氧原子和氢原子的范德瓦耳斯半径分别为 0.14nm 和 0.12nm。

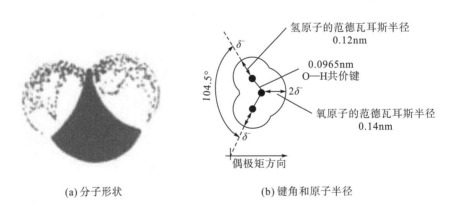

(a) 分子形状　　　　　　　　　　　(b) 键角和原子半径

图 2.2　水的分子结构

纯水不仅含有普通的 HOH 分子，而且含有许多其他微量成分。除了普通的 ^{16}O 和 ^1H，还存在着 ^{17}O、^{18}O、^2H(氘)和 ^3H(氚)，形成了 18 种 HOH 分子的同位素变异体。水中也含有离子，像氢离子(以 H_3O^+存在，水具有自偶电离)和羟基离子等其他同位素变异体。因此，水含有 33 种以上的 HOH 的化学变异体，但是这些变异体仅占极微小的比例。

HOH 分子呈 V 形，同时 O—H 键具有极性，这就造成不对称的电荷分布和纯水在蒸汽状态时具有 1.84D(德拜，1D=3.33564×10^{-30}C·m)的偶极矩。水分子的极性产生了分子间吸引力，因而水分子具有强烈的缔合倾向。然而，水分子间异常大的引力不完全是由于它具有大的偶极矩，还与水分子中电荷的暴露程度及水分子的几何形状有关，对水分子的缔合强度也有重要的影响。根据水分子参与三维空间多重氢键的能力可以充分地解释存在于分子间的大吸引力。与共价键(平均键能约 335kJ/mol)相比，氢键是微弱的(2～40kJ/mol)，并且具有较大和变动的长度。氢键的离解能约为 13～25kJ/mol，由于每个水分子具有相等数目的氢键供体和受体部位，它们可以形成三维氢键，因此，每个水分子最多能与其他 4 个水分子形成氢键，形成四面体结构(图 2.3)。与同样能形成氢键的分子(如 NH_3、HF)相比较，水分子中的吸引力异乎寻常的高。

水形成三维氢键的能力可用来解释它的一些不寻常的性质。这些性质是大热容、高熔点、高沸点、高表面张力和高相转变热焓，它们都关系打破分子间氢键所需的额外能量。水的介电常数也受氢键影响。虽然水分子是一个偶极子，但远远不足以解释水的高介电常数。通过氢键结合的水分子簇产生多分子偶极，有效地提高了水的介电常数。

3. 水分子的缔合

相邻水分子间由氢键联结，使水能以缔合水分子簇$(H_2O)_n$的巨型分子形式存在，这种由单分子结合成多分子水而不引起水的化学性质改变的现象称为水分子的缔合，如图 2.4 所示。

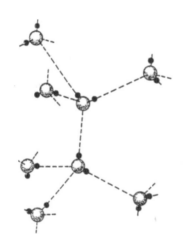

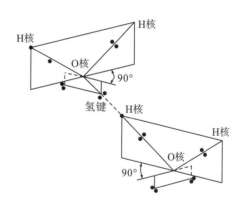

图 2.3　水分子通过氢键形成四面体构型

大圈和小圈分别代表氧原子和氢原子，虚线代表氢键

图 2.4　水分子缔合示意图

液态水分子的缔合体不是固定的，它在某一瞬间受到破坏，而在下一瞬间各自又与新的对象结合。水分子缔合体的稳定时间为 10^{-16}～10^{-12}s，但从统计观点看，在一定的温度和压力下存在一定缔合状态。水分子缔合可用下列平衡表示：

$$n\,H_2O \underset{\text{吸热}}{\overset{\text{放热}}{\rightleftarrows}} (H_2O)_n + Q(\text{热能})$$

单体水　　　　　　缔合体水

水的缔合度随温度的升高而减弱,当温度为4℃时,缔合程度最大,水的密度也最大。自然界中的水只有以气态存在时才呈现单分子状态,而以液态及固态存在时均呈多分子状态。$(H_2O)_n$中的n主要取决于温度,一般认为在标准大气压和20℃时,n的平均值约为40,只有水温接近200~300℃时,n值才接近1,也就是具有单分子水的形式。

固体冰中,相邻水分子以氢键结合,形成正四面体的空间网状结构。氢键具有方向性,导致水分子之间的孔隙变大,密度减小。冰融化后,氢键断裂,冰变成一块块分子团,分子团堆积使得水的密度增大。水的固态密度小于液态密度的特性对于地球生命来说有着极其重要的意义。

4. 地层水中的离子

地层水的矿物成分是指地层水中所含有的各种无机和有机质,它们主要来源于对岩石和土壤的溶解作用,这一溶解作用使得地层水中含有大量的不同种类的离子,而这些矿物的离子导致地层水表现出复杂的物理化学性质。

在地层水中常见的离子有7种:①氯离子(Cl^-);②硫酸根离子(SO_4^{2-});③碳酸氢根离子(HCO_3^-);④钠离子(Na^+);⑤钾离子(K^+);⑥钙离子(Ca^{2+});⑦镁离子(Mg^{2+})。Cl^-和Na^+主要来源于海水或盐湖水的渗入,Cl^-也可能来源于岩盐的溶解,Na^+也可能来源于长石或黏土矿物的交换作用。Cl^-的含量反映地层水的矿化程度和成因。SO_4^{2-}主要来源于硫酸盐矿物(如石膏、芒硝等)的溶解,也可能来源于有机质的氧化或H_2S的氧化。SO_4^{2-}的含量反映地层水的氧化还原条件和有机质含量。HCO_3^-主要来源于碳酸盐矿物(如方解石、白云石等)的溶解,也可能来源于二氧化碳或有机酸的溶解。HCO_3^-的含量反映地层水的酸碱性质和碳循环过程。K^+主要来源于长石或云母等含钾矿物的溶解或交换作用,也可能来源于有机质的分解。K^+的含量反映地层水与岩石之间相互作用的程度和有机质含量。Ca^{2+}主要来源于碳酸盐矿物或硫酸盐矿物的溶解,也可能来源于黏土矿物或沉积物中$CaCO_3$的析出。Ca^{2+}的含量反映地层水与岩石之间相互作用的程度和沉淀作用程度。Mg^{2+}是地层水中较少见的阳离子,它主要来源于白云岩或菱镁矿等含镁矿物的分解或析出。这些离子是通过以下几种途径进入地层水的。

(1)溶滤作用:地层水在流动过程中,与岩石和土壤发生化学反应,溶解其中的一些矿介质,从而获得不同的离子成分。

(2)沉积作用:沉积物在形成过程中,或在沉积过程后进入孔隙并被地质构造封存起来的水,其化学成分主要来源于形成沉积物的水体。

(3)变质作用:在高温变质过程中,一些矿物结构中分离出来的水,也会带有一些离子成分。

(4)岩浆作用:直接由岩浆析出的水,也会含有一些金属离子和气体。

5. 地层水的电阻率

地层水的电学性质主要是指地层水的电阻率和电容率性质,电容率也叫作介电常数。把这两个参数叫作地层水的双电参数。

地层水电阻率是影响岩石电阻率和油气饱和度计算的重要参数。一般来说，地层水电阻率越低，说明地层水中含盐量越高，岩石导电性越强，含油可能性越低。水本身有微弱的导电性，表明水是极弱的电解质，能电离出极少量的 H^+ 和 OH^-。水是一种既能释放质子也能接受质子的两性介质。水在微弱离解后，质子从一个水分子转移给另一个水分子，形成 H_3O^+ 和 OH^-。通常将水合氢离子 H_3O^+ 简写为 H^+，水电离的过程是吸热的过程，因此升高温度。

地层水电阻率可以通过实验室测量或者测井方法得到。实验室测量需要取得地层水样品，并在一定温度和压力下进行测试；测井方法则利用不同原理的仪器在井下直接测量地层水电阻率或者通过计算得到。地层水电阻率受温度、压力、含盐量、离子类型等因素的影响。一般来说，温度升高，压力降低，含盐量增加，离子类型变化(如 Na^+ 被 Ca^{2+} 或 Mg^{2+} 取代)，都会导致地层水电阻率降低。

6. 地层水的介电常数

地层水的介电常数反映地层水在电场中贮存静电能的相对能力。当水分子受到外加电场的作用时，它会发生极化，即水分子的正负电荷中心会沿着电场方向产生位移，从而形成一个电偶极矩。水分子的极化强度与外加电场的强度、频率、方向以及水分子的浓度、温度、黏度等因素有关，因此水的介电常数并不是一个定值，具体见表 2.2。

表 2.2　不同状态下水的介电常数

温度 t/℃	密度 ρ/(g/mL)	黏度 η/(mPa·s)	介电常数 ε/(F/m)
0	0.99984	—	87.90
2	0.99994	—	—
4	0.99997	—	—
5	0.99997	1.5188	85.90
6	0.99994	—	—
8	0.99985	—	—
10	0.99970	1.3097	83.95
12	0.99950	—	—
14	0.99924	—	—
15	0.99910	1.1447	82.04
16	0.99894	—	—
18	0.99860	—	—
20	0.99820	1.0087	80.18
25	—	—	78.50
30	0.99537	0.7840	76.57

7. 地层水分子的极化

水分子的极化可以分为三种类型：定向极化、变形极化和离子化极化。一般来说，地层水中水分子越多，极化越强，介电常数越大。地层水的介电常数是影响岩石介电常数和油气识别的重要参数。一般来说，地层介电常数越大，说明地层含水量越高，岩石介电性越强，含油可能性越低。

定向极化：当外加电场的频率较低时，水分子可以跟随电场的变化而旋转，使其偶极矩与电场方向保持一致，从而产生定向极化。定向极化率与水分子的偶极矩和数目成正比，与电场的强度无关。定向极化是水分子极化的主要效应，它对电磁波的传播特性有很大的影响，主要表现为使介电常数和吸收系数增大。

变形极化：当外加电场的频率较高时，水分子无法跟随电场的变化而旋转，但其内部的正负电荷会受到电场的拉伸或压缩，从而产生变形极化。变形极化率与水分子本身的极化率和电场的强度成正比。变形极化是水分子极化的次要效应，它对电磁波的传播特性有较小的影响，主要表现为增加介质的介电常数。

离子化极化：当外加电场的强度非常高时，水分子会被电离为氢离子和氢氧根离子，从而产生离子化极化。离子化极化率与水分子的离解常数和电场的强度成正比。离子化极化是水分子极化的微弱效应，它对电磁波的传播特性几乎没有影响，主要表现为增加介质的电导率。

极高频下水的介电常数约为 4.9F/m，干黏土的介电常数基本不随频率的变化而变化，一般为 3~5F/m，虚部一般小于 0.05F/m。地层水的介电常数可以通过实验室测量或者测井方法得到。常用的测井方法有介电测井法和电磁波传播测井法，斯伦贝谢公司的介电扫描测井是一种测量地层水介电常数的有效方法。

在实际地层条件下，由于介质的非均质性，介电常数为一个三阶张量，应该表示为

$$\boldsymbol{\varepsilon} = \begin{pmatrix} \varepsilon_x & 0 & 0 \\ 0 & \varepsilon_y & 0 \\ 0 & 0 & \varepsilon_z \end{pmatrix}$$

8. 地层水电性的影响因素

地层水电性受到多种因素的影响，其中最主要的是地层水的离子类型和浓度、温度、压力、含水饱和度等。地层水的离子类型、电阻率和介电常数之间存在着密切的联系和相互影响。一方面，离子类型决定了地层水中存在的不同种类和数量的带电粒子，从而影响地层水的导电性和极化特性；另一方面，电阻率和介电常数也受到温度、压力、含水饱和度、岩石矿物组成等因素的影响，从而表现出不同的变化规律。一般地讲，地层水电阻率的变化规律与介电常数的变化规律是相反的。

1) 离子类型和浓度

离子类型和浓度是决定地层水导电性能的基本因素，因为地层水中存在的不同种类和数量的带电粒子是导电的主要载体。一般来说，离子类型越复杂，浓度越高，地层水的电

阻率越低，介电常数越高，反之亦然。根据离子类型和浓度对地层水电阻率的影响，可以将地层水划分为以下几种类型。

低矿化度地层水：是指矿化度低于 5000mg/L 的地层水，其电阻率一般大于 1Ω·m。低矿化度地层水一般出现在浅部或新生代沉积岩中，其离子类型一般为碳酸钙型或碳酸钠型。

中等矿化度地层水：是指矿化度为 5000～20000mg/L 的地层水，其电阻率一般为 0.1～1Ω·m。中等矿化度地层水一般出现在中深部或古生代沉积岩中，其离子类型一般为硫酸钙型或硫酸钠型。

高矿化度地层水：是指矿化度大于 20000mg/L 的地层水，其电阻率一般小于 0.1Ω·m。高矿化度地层水一般出现在深部或古老沉积岩中，其离子类型一般为氯化钙型或氯化钠型。

2）含水饱和度

含水饱和度是指岩石孔隙中充满水的比例，它反映岩石中存在的不同流体成分的相对量。一般来说，含水饱和度越高，岩石中水的占比越大，导致电流通过的阻力越小，因此岩石的电阻率越低，介电常数越大，反之亦然。

3）温度

温度会影响地层水中带电粒子的运动速度和碰撞频率。一般来说，温度越高，带电粒子的运动速度越快，碰撞频率越高，导致电流通过的阻力越小，因此地层水的电阻率越低，介电常数越大，反之亦然。

4）压力

压力会影响地层水的密度和黏度。一般来说，压力越高，地层水的密度越大，黏度越高，导致电流通过的阻力越大，因此地层水的电阻率越高，介电常数越小，反之亦然。

通过测量地层水的电阻率或电导率，可以判断地层水的矿化程度和类型，从而区分淡水、咸水和盐水等不同类型的地层水。通过测量地层水的自然电位，可以判断地层水的流动方向和速度，从而确定地层水流动规律和油气运移路径。通过测量并对比地层水与其他相（如油、气、岩石）之间的电阻率或电导率的差异，可以判断不同相之间的分布和含量，从而评价油气藏的规模和品质。

测井是获取地层水性质信息的主要手段之一。通过测量井内不同深度处不同物理量（如自然伽马、自然电位、声波时差、侧向电阻率、感应电导率、中子密度等）的变化，可以反演出地层水的离子类型、电阻率、介电常数等参数。然而，由于测井数据受到井眼效应、围岩效应、仪器误差等因素的干扰，以及反演过程中存在多解性等问题，因此，利用测井数据反演地层水性质需要采用合理的模型、方法和约束条件，以提高反演的准确性和可靠性。

地层水的电阻率和介电常数是影响油气勘探和开发的重要参数之一。一方面，地层水的电性与油气储层的含水饱和度、有效孔隙度、渗透率等储集条件密切相关，因此可以利用去电性来评价油气储量和可采性。另一方面，地层水的电性与测井数据(如自然电位、侧向电阻率、感应电导率等)有着直接的关系，因此可以利用测井数据来反演地层水的双电参数。

2.3.2 地层中水的运移

地层中水分子的运动是指水分子在岩石和土壤孔隙中的流动或扩散，它是地质过程的重要驱动力之一，也是地层水循环和油气运移的基础。地层中水分子的运动方式主要有两种：渗流和扩散。

1. 地层水渗流

地层水渗流是指水分子在孔隙中沿着压力或重力方向的定向流动，它是地层水流动和油气运移的主要方式。渗流受到以下几个因素的影响。

渗透力：渗透力是指由于孔隙内外压力差而产生的推动水分子流动的力，它是渗流的主要驱动力。渗透力与压力差成正比，与孔隙连通性成反比。渗透力越大，水分子流动越快。

毛细力：毛细力是指由于孔隙形状和大小不同而产生的影响水分子流动的力，它是渗流的次要驱动力或阻力。毛细力与孔隙曲率成正比，与表面张力成正比，与液体密度成反比。毛细力越大，水分子流动越慢。

重力：重力是指由于地球引力而产生的影响水分子流动的力，它是渗流的辅助驱动力或阻力。重力与液体密度成正比，与液体高度差成正比。重力越大，水分子沿着重力方向流动越快。

温度：温度是指影响水分子运动状态和能量的物理量，它是渗流的调节因素。温度与液体黏度成反比，与液体密度成反比。温度越高，水分子运动越活跃，黏度越小，密度越小，流动越容易。

压力：压力是指作用在单位面积上的正向作用力，它是渗流的控制因素。压力与液体可压缩性成正比，与液体密度成正比。压力越大，液体可压缩性越大，密度越大，流动越困难。

地层水渗流的速度与地层的渗透率和压力梯度成正比，与地层水的黏度和密度成反比。

2. 地层水扩散

地层水扩散是指水分子在孔隙中由高浓度向低浓度的无定向运动，它是地层水质量变化和油气成藏的重要方式。扩散受到以下几个因素的影响。

浓度梯度：浓度梯度是指单位距离内浓度的变化率，它是扩散的主要驱动力。浓度梯度越大，水分子扩散越快。

温度梯度：温度梯度是指单位距离内温度的变化率，它是扩散的次要驱动力。温度梯度越大，水分子运动越活跃，扩散越快。

扩散系数：扩散系数是指水分子在单位时间内通过单位面积的扩散量，它是扩散的衡量指标。扩散系数与孔隙结构、液体性质和溶质性质有关。扩散系数越大，扩散越快。

地层水的扩散与扩散系数和浓度梯度成正比。扩散系数与温度、压力、矿化度、孔隙结构等因素有关，浓度梯度与溶质来源、运移路径、反应速率等因素有关。

2.4　甲　　烷

甲烷（CH_4，分子量为 16.043）是最简单的碳氢化合物，也是一种最简单的有机化合物，是含碳量最小（含氢量最大）的烃，在标准状态下甲烷是一无色无味气体。一些有机物在缺氧情况下分解时所产生的沼气其实就是甲烷。甲烷在自然界的分布很广，是天然气、沼气、坑气等的主要成分，俗称瓦斯。它可用作燃料和制造氢气、炭黑、一氧化碳、乙炔、氢氰酸及甲醛等介质的原料。

2.4.1　甲烷的结构和性质

甲烷分子具有正四面体的结构，碳原子位于正四面体的中心，连接氢原子的四个 C—H 键伸向四个顶点。这种结构是由碳原子的 sp^3 杂化轨道与氢原子的 1s 轨道形成的，其化学键类型是共价键中的单键，也称为 σ 键，因此，CH_4 共有四个 σ 单键，其四个键角相等，约为 109°28′。甲烷中 C—H 键能约为 413kJ/mol，C—H 键非常强。四个 C—H 键长度相等，为 109pm，C—H 键的长度随 C 的杂化而略有不同。H 和 sp^2 杂化 C 之间的键比 H 和 sp^3 杂化 C 之间的键短约 0.6%。H 和 sp 杂化 C 之间的键更短，大约比 sp^3 的 C—H 键短 3%。由于 C 和 H 具有相近的电负性，C 为 2.55，H 为 2.20，因此 CH_4 是非极性分子，没有静偶极矩，具有饱和性，结构稳定，能起置换反应，不能起加成反应和聚合反应。

由于 CH_4 是非极性分子，因此不易溶解于水等极性溶剂，但与其他非极性分子有较强的范德瓦耳斯力相互作用。CH_4 在常温常压下是气态，其沸点为-161.5℃，其密度为 $0.717kg/m^3$，比空气轻。甲烷遇到明火或高温就会发生剧烈的燃烧反应，释放出大量的热能和光能。甲烷的燃烧反应式为

$$CH_4+2O_2 \longrightarrow CO_2+2H_2O+Q$$

式中，Q 为释放出的热量，其标准生成焓为-890.3kJ/mol。

CH_4 的燃烧是一种典型的氧化还原反应，CH_4 中的 C 由-4 价氧化为+4 价，H 由+1 价保持不变，O 由 0 价还原为-2 价。还要说明的是，CH_4 有两个价层电离势，分别在 14.2eV 和 22.9eV，即 CH_4 的 4 个 C—H 键是不等价的。

气体超临界状态是指随着压力和温度达到特定的临界值时，气体密度接近液体，但其黏度较小、扩散系数较大，近似于气体。当温度超过超临界温度，压力超过超临界压力时，气体进入超临界状态。在页岩地层条件下，CH_4 接近于超临界状态。CH_4 的超临界温度为 190.56K，超临界压力为 4.59MPa。

2.4.2 甲烷在地层中的产生过程

地层中的 CH_4 主要来源于有机质的生物降解或热解过程。有机质在地层中经历了复杂的转化过程，最终形成了天然气等油气资源。这个过程可以分为三个阶段：第一阶段是有机质的沉积和保存；第二阶段是有机质的成熟和裂解；第三阶段是甲烷在地层中的运移规律。本节只做简要介绍，详细的内容请查阅相关文献。

1. 有机质的沉积和保存

有机质的沉积和保存是指有机质从陆地或水体中进入沉积盆地，并被埋藏在地层中，形成含有有机质的沉积岩层。这个过程受到多种因素的影响，包括有机质的来源、类型、数量、分布、沉积环境、埋藏速率、微生物活动等。

有机质的来源可以分为陆源和水源两类。陆源有机质主要来自陆地上的植被和土壤，通过风力、水力等作用被搬运到河流、湖泊或海洋中，并随着泥沙一起沉积在盆地底部。水源有机质主要来自水体中的浮游生物、底栖生物、水生植物等，这些生物通过光合作用或异养作用产生有机质，并在死亡后沉降到水底。有机质的类型可以分为腐殖质和腐泥质两类。腐殖质是指经过微生物分解和化学改造后的有机质，主要由芳香族和杂环化合物组成，具有较高的热稳定性和抗生物降解性。腐泥质是指未经过微生物分解和化学改造的有机质，主要由脂肪族和杂链化合物组成，具有较低的热稳定性和易受生物降解影响。一般来说，腐殖质更适合生成天然气，而腐泥质更适合生成原油。

一般来说，有机质的沉积和保存最适合发生在缺氧或厌氧的环境中，如深海、湖泊、三角洲等。这是因为缺氧或厌氧的环境可以抑制微生物对有机质的分解作用，从而保护有机质不被消耗或转化。此外，缺氧或厌氧的环境也可以促进硫化作用，使得硫元素与有机碳结合形成硫代脂肪酸等稳定化合物，从而提高有机碳的保存率。

2. 有机质的成熟和裂解

有机质的成熟和裂解是指有机质在地层中受到温度和压力的作用，发生结构和组成的变化，生成油气等碳氢化合物。这个过程受到地层温度、压力、有机质类型、成熟度等因素的影响。

有机质类型是指有机质的化学组成和结构特征，主要由有机质的来源和转化过程决定。不同类型的有机质具有不同的生油气潜力和生油气类型。一般来说，含碳量高、含氧量低、含硫量高、含氮量高的有机质更适合生成天然气，而含碳量低、含氧量高、含硫量低、含氮量低的有机质更适合生成原油。

有机质成熟度是指有机质在地层中受到温度和压力作用后所达到的演化阶段，主要反映有机质中碳氢键的断裂程度和油气生成量。有机质成熟度可用多种参数来表征，如生油窗、生气窗、镜质体反射率、碳氢比(指原子个数比)、氧指数等。一般来说，随着有机质成熟度的增加，生油窗逐渐变窄，生气窗逐渐变宽，镜质体反射率逐渐增大，碳氢比逐渐减小，氧指数逐渐减小。

有机质在地层中的成熟和裂解过程可以分为四个阶段：第一个阶段是成岩作用阶段，此时地层温度在 50℃以下，有机质主要发生水解、脱水、缩合等作用，形成干酪根；第二个阶段是初生油阶段，此时地层温度为 50～120℃，干酪根开始发生裂解，生成初生油和湿气，此时进入生油窗；第三个阶段是次生油阶段，此时地层温度为 120～150℃，初生油和湿气继续发生裂解，生成次生油和干气，此时进入生气窗；第四个阶段是干酪烃阶段，此时地层温度在 150℃以上，次生油和干气进一步发生裂解，生成干酪根和少量的甲烷等轻烃。

3. 甲烷在地层中的运移规律

甲烷在地层中的运移规律是指甲烷分子从生成地到聚集地的迁移过程中所遵循的物理规律。这个过程受到多种因素的影响，包括地层渗透性、压力、温度、流体相态、地质构造等。

甲烷在地层中的运移规律是一个复杂的地质过程，涉及甲烷的生成、运输、聚集和保存等多个方面。根据甲烷的运移方式，可以分为初次运移和二次运移两种。

初次运移是指甲烷从烃源层向上覆地层运移的过程，主要有以下几种运移相态。

(1)游离油相：甲烷以液态存在于烃源层的孔隙中，随着地层压力的降低，甲烷逐渐变为气态，形成气泡，沿着地层的裂隙或孔隙向上运移。

(2)水溶相：甲烷以水溶液或胶体溶液的形式存在于地层水中，随着地层水的流动，甲烷被带至上覆地层或海底。

(3)气溶相：甲烷以气态溶于地层水中，随着地层水的流动，甲烷被带至上覆地层或海底。

(4)扩散相：甲烷以气态存在于烃源层的孔隙中，由于甲烷的分子量小，能够以分子扩散的方式向上运移。

二次运移是指甲烷从初次运移的终点向其他地层或地表运移的过程，主要有以下几种运移方式。

(1)气水混相运移：甲烷与地层水形成气水混合物，沿着地层的裂隙或孔隙向上运移，形成气水井或气水喷口。

(2)气水分离运移：甲烷与地层水分离后，甲烷以气态向上运移。

(3)气水合物运移：甲烷与地层水在一定的温度和压力条件下形成气水合物，气水合物以固态或半固态的形式向上运移，形成气水合物层或气水合物结构。

(4)气水合物分解运移：甲烷与地层水形成的气水合物在温度或压力发生变化时分解为甲烷和水，甲烷以气态向上运移。

甲烷在地层中的运移规律受到多种因素的影响，主要有以下几个方面。

(1)甲烷的生成条件：甲烷的生成主要依赖于有机质的类型、成熟度、含量和分布，以及地层的温度、压力、pH 和微生物活性等。不同的生成条件会导致甲烷的生成量、生成速率和生成时间产生差异，从而影响甲烷的运移潜力和运移路径。

(2)甲烷的运移通道：甲烷的运移通道主要取决于地层的岩性、孔隙度、渗透率、裂缝发育程度和连通性等。不同的运移通道会导致甲烷的运移速度、运移方向和运移距离的差异，从而影响甲烷的运移效率和运移损失。

(3) 甲烷的运移阻力：甲烷的运移阻力主要取决于地层的压力、温度、水化学和微生物活性等。不同的运移阻力会导致甲烷的运移相态、运移方式和运移机制的差异，从而影响甲烷的运移特征和运移结果。

2.4.3 甲烷在地层中的化学反应

甲烷分子在地层中的化学反应主要包括水合作用、厌氧氧化作用、甲烷化作用、甲烷重整作用等。

1. 水合作用

水合作用是指甲烷分子与水分子结合，形成天然气水合物的过程。天然气水合物是一种类似于冰的固态介质，由水分子构成的笼状结构包裹着甲烷分子或其他小分子的气体。天然气水合物的形成需要满足一定的温度和压力条件，一般在低温高压的环境中更易生成，如深海底或寒冷地区的浅层地下。天然气水合物的稳定性受到温度、压力、盐度、pH等因素的影响，一旦条件发生变化，天然气水合物就会分解，释放出甲烷和水。

天然气水合物是一种重要的非常规天然气资源，其储量巨大，分布广泛，具有清洁、高效、可再生等优点。根据国际能源署 (International Energy Agency，IEA) 的估计，全球天然气水合物的储量约为 $180 \times 10^{12} \text{m}^3$，相当于全球常规天然气储量的两倍多。目前，世界上已经发现了多个天然气水合物的储藏地点，主要集中在北极地区和大洋边缘。例如，俄罗斯、加拿大、美国等国家在北极地区发现了大量的陆相天然气水合物；日本、印度、中国等国家在太平洋和印度洋发现了大量的海相天然气水合物。

2. 厌氧氧化作用

厌氧氧化作用是指甲烷分子在缺乏自由氧的条件下，与其他介质发生氧化还原反应，消耗甲烷并生成二氧化碳等产物的过程。这些介质主要包括硫酸盐及铁、锰等氧化物，它们可以作为电子受体，接受甲烷中电子的转移。厌氧氧化作用通常需要有微生物的参与和催化，因此也称为微生物介导的厌氧氧化作用。这一氧化作用可以发生在沉积层、湖泊、沼泽等各种缺氧或厌氧的环境中。

3. 甲烷化作用

甲烷化作用是指有机质在缺乏自由氧的条件下，被微生物分解并生成甲烷的过程。这些微生物主要是甲烷产生菌，它们是一类专性厌氧的古菌，可以利用多种有机质或无机质作为电子供体，生成甲烷作为代谢产物。甲烷化作用通常需要有其他类型的厌氧微生物的协同作用，如发酵细菌、乙酸产生细菌、硫酸盐还原细菌等，它们可以将复杂的有机质分解为简单的有机质，为甲烷产生菌提供底物。甲烷化作用对地层中有机质和甲烷的分布与转化有重要影响。甲烷化作用可以产生大量的甲烷，从而增加甲烷的储量和排放量；同时也可以消耗大量的有机质，从而降低有机碳的含量和保存率；此外还可以影响地层中的氢离子浓度、碳酸盐平衡等。

4. 甲烷重整作用

甲烷重整作用是指甲烷分子在高温高压的条件下，与水或二氧化碳发生反应，生成一氧化碳和氢气的过程。这些反应主要发生在深部地层或火山岩中，需要有催化剂的存在，例如金属或金属氧化物等。甲烷重整作用可以提高地层中一氧化碳和氢气的含量，从而增加合成油或合成气等人工能源的原料。

2.4.4　甲烷与黏土的相互作用

黏土具有较高的比表面积、较强的吸附力、较大的离子交换容量、较好的催化性能等特点，与甲烷分子的相互作用包括吸附作用、填充作用、催化作用等。

1. 吸附作用

吸附作用是指甲烷分子被黏土表面或层间空隙所吸附，形成一层或多层分子膜的过程。吸附作用是一种物理或化学的表面现象，受到温度、压力、甲烷浓度、黏土类型、黏土含量等因素的影响。一般来说，随着温度的升高，吸附量减少；随着甲烷浓度和压力的升高，甲烷吸附量增加；不同类型和含量的黏土对甲烷的吸附能力也不同，一般来说，蒙脱石＞伊利石＞高岭石＞方解石。

吸附作用对地层中甲烷的分布和转化有重要影响。吸附作用可以增加地层中甲烷的储存量，尤其是在非常规储层中，例如页岩气、致密气等，甲烷的吸附量可以占总储量的30%～80%；同时也可以影响地层中甲烷的流动性，由于吸附作用需要克服范德瓦耳斯力或化学键力，因此吸附甲烷比游离甲烷更难以释放和运移。

2. 填充作用

填充作用是指甲烷分子填充在黏土层间空隙中，形成一种类似于液晶的有序结构的过程。填充作用受到温度、压力、甲烷浓度、黏土类型、黏土含水量等因素的影响。一般来说，随着温度的升高，填充量减少；随着压力的升高，填充量增加；随着甲烷浓度的升高，填充量增加；不同类型和含水量的黏土对甲烷的填充能力也不同，一般来说，蒙脱石＞伊利石＞高岭石；含水量越低，填充量越高。

填充作用对地层中甲烷的分布和转化也有重要影响。填充作用可以增加地层中甲烷的储存量，尤其是在含水量较低的黏土中，甲烷的填充量可以占总储量的10%～30%；同时也可以影响地层中甲烷的流动性，由于填充作用需要克服黏土层间的静电力或化学键力，因此填充甲烷比游离甲烷更难以释放和运移。

3. 催化作用

催化作用是指黏土对甲烷分子或其他介质发生化学反应起到促进或抑制作用的过程。催化作用受到温度、压力、甲烷浓度、黏土类型、黏土含量等因素的影响。一般来说，随着温度和压力的升高，催化作用增强；随着甲烷浓度的升高，催化作用增强；不同类型和含量的黏土对甲烷或其他介质的催化能力也不同，一般来说，高岭石＞伊利石＞蒙脱石。

催化作用对地层中甲烷或其他介质的分布和转化也有重要影响。催化作用可以促进或抑制地层中甲烷或其他介质发生各种化学反应，从而改变地层中介质的种类和数量。例如，黏土可以催化甲烷与水或二氧化碳发生重整反应，生成一氧化碳和氢气；黏土也可以催化甲烷与硫酸盐或铁等氧化物发生厌氧氧化反应，消耗甲烷并生成二氧化碳等。

第3章　微纳孔隙中的电磁场作用

3.1　泥页岩的电学特征

泥页岩是一种沉积岩，由黏土脱水胶结而成，以黏土类矿物(高岭石、水云母等)为主，具有明显的薄层理构造。泥页岩按成分不同，分为碳质页岩、钙质页岩、砂质页岩、硅质页岩等。一般情况下，泥页岩的 SiO_2 含量为 45%～80%，Al_2O_3 含量为 12%～25%，Fe_2O_3 含量为 2%～10%，CaO 含量为 0.2%～12%，MgO 含量为 0.1%～5%。

3.1.1　泥页岩矿物组成

泥页岩是一种含有大量有机质和黏土矿物的沉积岩，是目前世界上最重要的非常规油气资源之一。由于泥页岩具有低孔隙度、低渗透率、低弹性模量等特点，其勘探和开发面临着很多技术挑战。其中，泥页岩的电学性质是影响其勘探和开发的重要因素，与其岩石组成、孔隙结构、流体饱和度等密切相关。泥页岩的电学性质主要包括电阻率、介电常数和极化率。电阻率反映泥页岩中导电介质(如水、油、气等)的分布情况，介电常数反映泥页岩孔隙、流体以及固体颗粒之间形成微观电容的介电情况，极化率反映泥页岩中导电矿物颗粒或流体的极化程度。通过测量和分析泥页岩的电学性质，可以获得泥页岩的岩性、有机质含量、成熟度、含油气性、裂缝发育程度等信息，为泥页岩油气的勘探和开发提供重要依据。

泥页岩中的矿物组成是影响其电学性质的主要因素之一。泥页岩中的矿物主要分为黏土矿物和非黏土矿物两大类。黏土矿物是泥页岩中最常见和最重要的矿物，一般占总矿物的 50%～80%。黏土矿物具有很强的离子交换能力和表面吸附能力，可以吸附大量的水和有机质，从而降低泥页岩的电阻率和极化率。非黏土矿物是泥页岩中次要但不可忽视的矿物，一般占总矿物的 20%～50%。非黏土矿物包括碳酸盐、硅酸盐、硫化物、氧化物等多种类型，其中对泥页岩电学性质影响较大的主要有两种：黄铁矿和页岩石墨化。

3.1.2　泥页岩有机质的电性

1. 结合黏土阳离子导电

有机质结合黏土阳离子导电是指有机质与黏土矿物相互作用时，有机质表面或内部的可交换阳离子(如 H^+、NH_4^+ 等)在外加电场作用下产生定向运动，形成电流的现象。有机质结合黏土阳离子导电能力取决于有机质和黏土矿物的含量、成分、结构、相互作用方式等因素。一般来说，有机质和黏土矿物含量越高，阳离子交换作用越强，泥页岩地层的导电性越好。有机质和黏土矿物的相互作用方式包括吸附、复合、交换等，不同的相互作用方式会影响有机质结合黏土阳离子的数量和分布，从而影响其导电性。

2. 有机质置换孔隙水导电

有机质置换孔隙水导电是指有机质与孔隙水中的离子发生置换反应时，有机质中的可交换阳离子进入孔隙水，增加孔隙水的电导率，形成电流的现象。有机质置换孔隙水导电是泥页岩地层中另一种导电机制，其大小取决于有机质和孔隙水的含量、成分、反应速率等因素。一般来说，有机质含量越高，孔隙水含量越低，有机质置换孔隙水导电越明显，泥页岩地层的导电性越好。有机质中含氮有机物(如胺类、腈类等)具有较强的置换孔隙水性，而含氧或含硫有机物则较弱。

3. 不导电有机质改变岩石骨架导电

不具备可交换阳离子或置换孔隙水能力的有机质(如煤、沥青等)在泥页岩地层中存在时，会改变岩石骨架的结构和形态，从而影响岩石骨架的导电性。不导电有机质改变岩石骨架导电是泥页岩地层中最复杂和最难以量化的一种导电机制，其大小取决于不导电有机质的含量、分布、形态、成熟度等因素。一般来说，不导电有机质含量越高，分布越均匀，形态越细小，有机质成熟度越高，改变岩石骨架导电越明显，泥页岩地层的导电性越差。不导电有机质主要通过填充或包裹孔隙、裂缝或其他缺陷，降低岩石骨架的有效连通性和有效截面积，从而降低岩石骨架的导电性。

3.1.3 黏土矿物的附加导电

黏土矿物的附加导电是指黏土矿物表面或内部存在的可交换阳离子(如 Na^+、K^+、Ca^{2+} 等)在外加电场作用下产生定向运动，形成电流的现象。黏土矿物的附加导电是泥页岩地层中次要的导电机制，其大小取决于黏土矿物的类型、含量、结构、水化程度等因素。一般来说，黏土矿物含量越高，其附加导电性越强，泥页岩导电性越好。黏土矿物中以蒙脱石和伊利石具有较强的附加导电性，高岭石和水云母则较弱。黏土矿物的结构和水化程度也会影响其附加导电性，如膨胀性黏土在吸水后会增加其附加导电性。

1. 黏土矿物的极化机理

黏土矿物是一类具有层状结构的水合硅酸盐矿物，其晶体由两种基本单元组成：四面体层和八面体层。四面体层由四个氧原子围绕一个硅原子形成的四面体连成的二维网状结构，八面体层由六个氧原子或羟基围绕一个铝或镁原子形成的八面体连成的二维网状结构。根据四面体层和八面体层的不同组合方式，黏土矿物可以分为三种类型：一水层矿物(如高岭石)、二水层矿物(如伊利石)和三水层矿物(如蒙脱石)。黏土矿物的晶体结构中存在着不同类型和程度的缺陷，如离子取代、空位、错配等，导致黏土矿物具有不同形式和强度的电荷不平衡。这些电荷不平衡可以分为两类：一是晶格电荷不平衡，即晶体内部的电荷不平衡；二是表面电荷不平衡，即晶体表面或边缘的电荷不平衡。晶格电荷主要由离子取代引起，表面电荷主要由空位或错配引起。黏土矿物的电荷不平衡使其具有极化能力，即在外加电场作用下产生电偶极矩。

黏土矿物的极化机理可以分为以下几种类型。

(1) 电子极化：当外加电场作用于黏土矿物时，原子核和电子云之间产生相对位移，形成电偶极矩。这种极化是一种即时反应，与频率无关，气体、液体以及固体介质都可能存在。类极化在外电场去掉以后，正负电荷中心又会马上重合，对外不再显示电性，不会引起能量的损耗。其极化速度非常快，为 $10^{-15} \sim 10^{-14}$s。极化速度与频率和温度无关，极化强度与场强成正比。电子极化的谐振频率位于紫外线或可见光区间，也就是说在微波频率段。电子极化属于弹性位移极化，没有能量损耗。这种极化在黏土矿物中几乎不会发生。

(2) 离子极化：当外加电场作用于黏土矿物时，由离子键构成的离子晶体和共价晶体介质其正负离子之间产生相对位移，形成电偶极矩。这种极化是一种快速反应，极化时间为 $10^{-13} \sim 10^{-12}$s。当外场的频率低于红外线光频时，离子极化与频率有关，能量损耗很小。温度对于离子极化有双重影响，离子间结合力随温度升高而降低，使得极化程度增强；但离子的密度随温度升高而降低，使得离子极化程度降低。离子极化与外场场强成正比。

(3) 取向极化：当外加电场作用于黏土矿物时，晶体内部原本无序分布的固有偶极子(如水分子)在电场力的作用下重新取向，形成宏观的电偶极矩。这种极化发生在极性分子构成的介质中，是一种较慢的反应，极化时间为 $10^{-6} \sim 10^{-2}$s，与频率有关。对于极性气体介质，温度增加，分子热运动加剧，妨碍极性分子沿电场方向取向，使得极化程度减弱。对于液体和固体介质，温度过低时，分子间联系紧密，分子难以转向，极化弱，这类介质在低温下先随温度升高极化加强，而后当热运动变得较强烈时，极化又随温度升高而降低。取向极化与外加电场成正比。

(4) 界面极化：当外加电场作用于黏土矿物时，在晶体的表面或边缘处产生过剩的正负电荷，形成宏观的电偶极矩。这种极化是一种最慢的反应，极化时间从几十分之一秒到几分钟，甚至长达几个小时，与频率有关。含有表面或边缘电荷的介质存在明显的能量损耗。

黏土矿物中各种类型的极化对介电常数和损耗因子的贡献大小和方向不同，随着频率的变化而变化。一般来说，在低频段(<1MHz)，界面极化占主导地位，介电常数和损耗因子都很高；在中频段(1~100MHz)，取向极化占主导地位，介电常数和损耗因子都较低；在高频段(>100MHz)，原子极化和电子极化占主导地位，介电常数和损耗因子都较小。

2. 黏土矿物与孔隙水的相互作用

黏土矿物与孔隙水之间存在着复杂的相互作用，包括吸附、交换、溶解、沉淀等过程，这些过程会影响泥页岩地层中的介电性质。其中，最重要的是黏土矿物表面或边缘上的负电荷与孔隙水中正离子(如 Na^+、Ca^{2+}、Mg^{2+})之间的吸附和交换作用。这种作用会导致黏土矿物表面或边缘形成一个双电层结构，即由靠近黏土矿物表面或边缘的固定离子层

(Stern 层，施特恩层)和远离黏土矿物表面或边缘的扩散离子层(Gouy-Chapman 层，古依-查普曼层)组成。双电层结构如图 3.1 所示。

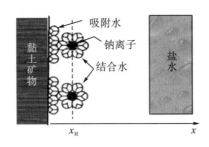

图 3.1　黏土矿物与孔隙水形成双电层

x_H 为 Stern 层的厚度，约为 6.18Å；$x - x_H$ 平面又称为亥姆霍兹面

当外加电场作用于泥页岩地层时，在双电层结构中会产生两种类型的极化现象：扩散层极化与固定层极化。

(1)扩散层极化：由于孔隙水中正离子与负离子之间存在着浓度差异，当外加电场作用时，正离子会向负极移动，负离子会向正极移动，形成宏观的电偶极矩。这种极化主要发生在扩散离子层中，与频率有关，一般在低频段显著。

(2)固定层极化：由于孔隙水中正离子与黏土矿物表面或边缘上的负电荷之间存在着吸附和交换作用，当外加电场作用时，正离子会在固定离子层和扩散离子层之间发生迁移，形成宏观的电偶极矩。这种极化主要发生在固定离子层中，一般在中频段显著。

这两种极化对泥页岩地层中的介电性质有着重要的影响，特别是对于含水饱和度、矿化度等参数的测量和评价。因此，在实际应用中，需要考虑黏土矿物与孔隙水之间的相互作用导致的极化机理。

3. 泥页岩地层中的介电特征

泥页岩地层中的介电特征是指泥页岩地层在不同频率下的介电常数和损耗因子的变化规律与分布特征。泥页岩地层中的介电特征受到多种因素的影响，如孔隙度、含水饱和度、水矿化度、温度、频率等。本节将分别介绍这些因素对泥页岩地层中的介电特征的影响机制和实验结果。

孔隙度对泥页岩地层中的介电性质有着显著的影响。泥页岩地层孔隙度越高，含水量越高，从而导致介电常数和损耗因子越大。实验表明，低频段，孔隙度与泥页岩地层中的介电常数和损耗因子为正相关关系；中频段，孔隙度与泥页岩地层中的介电常数和损耗因子为负相关关系；高频段，孔隙度对泥页岩地层中的介电常数和损耗因子影响不明显。这是因为，在低频段，水分子的极化效应占主导，孔隙度越高，介电性质越强；在中频段，黏土矿物的极化效应占主导，孔隙度越低，介电性质越强；在高频段，电子极化占主导，孔隙度对介电性质几乎没有影响。

含水饱和度越高，泥页岩地层中水分子的极化效应越强，从而导致介电常数和损耗因子越大。含水饱和度越高，泥页岩地层中黏土矿物与孔隙水之间的相互作用越强，泥页岩形成的双电层相对越厚，双电层内部的正负电荷之间的位移越大，从而导致界面极化和极化弛豫效应越大。

泥页岩地层中水矿化度越高，其导电性越强，介电常数越小，损耗因子越大。当外加电场作用时，自由离子会在电场的作用下发生迁移，形成电流，从而降低孔隙水的极化能力，增加孔隙水的能量损耗。水矿化度越高，泥页岩地层中黏土矿物与孔隙水之间的相互作用越弱，从而导致界面极化和极化弛豫效应越小。低频段，水矿化度与泥页岩地层中的介电常数为负相关，与损耗因子为正相关；中频段，水矿化度与泥页岩地层中的介电常数和损耗因子为负相关；高频段，水矿化度对泥页岩地层中的介电常数和损耗因子几乎没有影响。这说明，在测井应用中，利用泥页岩地层中的介电性质可以有效地获取水矿化度信息。

温度越高，泥页岩地层中孔隙水和固相的分子运动越剧烈，极化过程越容易发生，极化程度越高，从而导致介电常数和损耗因子越大，能量损耗越大。温度升高，泥页岩地层中黏土矿物与孔隙水之间的相互作用变弱，双电层结构变得不稳定，从而导致界面极化和极化弛豫效应减小。

4. 泥页岩地层中的介电模型

泥页岩地层中的介电模型是指根据泥页岩地层的物理化学性质和介电机理，建立的描述泥页岩地层中介电常数和损耗因子与影响因素之间关系的数学模型。泥页岩地层中的介电模型对于测井数据的解释和反演，以及泥页岩储层参数的评价和预测，具有重要的作用。将泥页岩地层骨架、孔隙以及孔隙流体视为不同的电路元件(如电阻、电容、电感等)，由此组成不同的电路网络，其介电性质由电路网络的阻抗或导纳决定。这种电路模型有RC(电阻-电容)模型、RLC(电阻-电感-电容)模型、Cole-Cole(科尔-科尔)模型、Debye(德拜)模型等。电路模型能够直观地反映泥页岩地层中不同组分和相互作用对介电性质的影响。这种电路模型也称为复合介质模型，即将泥页岩地层视为由不同组分(如水、油、气、矿物等)组成的复合介质，根据不同组分的体积分数、形状、分布、方向等特征，以及不同组分之间的相互作用，建立的描述复合介质中介电性质与单一组分介电性质之间关系的数学模型。复合介质模型可以分为以下几种类型。

1) 等效介质模型

等效介质模型是指将复合介质视为一个等效的均匀连续介质，其介电性质由单一组分的介电性质和体积分数加权平均得到。等效介质模型有很多种形式，如算术平均、几何平均、调和平均、极化率平均等。等效介质模型简单易用，忽略了不同组分之间的相互作用和形状、分布、方向等因素的影响。

2) 极化率模型

极化率模型是指将复合介质视为一个基底介质中包含着不同形状、大小、方向和数量的极化颗粒，其介电性质由基底介质和极化颗粒的极化率之和决定。极化率模型有麦克斯韦-加内特(Maxwell-Garnett)模型、布鲁格曼(Bruggeman)模型、洛伊加(Looyenga)模型等多种形式。极化率模型考虑了不同组分之间的相互作用。

3) 有效介质模型

有效介质模型是指将复合介质视为一个具有随机非均匀性的连续媒质，其介电性质由统计力学方法得到。有效介质模型有很多种形式，如自洽法、微扰法、微元法等。有效介质模型能够处理复杂非均匀结构，但是计算过程相对复杂，需要大量的参数。

3.1.4　泥页岩的低阻特征

页岩气层段普遍存在低电阻率异常现象，例如，川西拗陷和东南缘构造带的两个典型低阻页岩气井，其电阻率低于 $10\Omega\cdot m$，甚至低于 $1\Omega\cdot m$ 的页岩频繁出现，且不同低阻页岩的含气性和产量差异巨大，高产、低产、无产均有分布。电阻率受多种因素的影响，如孔隙度、含水饱和度、矿物组成、有机质含量等。其中川西拗陷中部的龙门山构造带某井，其龙马溪组黑色泥页岩的电阻率为 $0.5\sim2.0\Omega\cdot m$，平均为 $1.2\Omega\cdot m$。而东南缘构造带南部的安宁河构造带另一口井，其龙马溪组黑色泥页岩的电阻率为 $0.8\sim3.5\Omega\cdot m$，平均为 $2.1\Omega\cdot m$。两口井的电阻率均远低于常规电阻率（$50\Omega\cdot m$ 以上），具有典型的低阻特征。

1. 页岩低阻的成因

通过对页岩岩心的岩电实验、X 射线衍射(X-ray diffraction，XRD)、透射电子显微术(transmission electron microscopy，TEM)和 X 射线光电子能谱法(X-ray photoelectron spectroscopy，XPS)等实验测试分析，发现导致页岩低电阻的因素主要可分为三类，分别为地层水、有机质石墨化及导电矿物。这三个因素相互作用，共同降低了页岩的电阻率。其中，地层水是最主要的影响因素，其次是有机质石墨化，最后是导电矿物。

地层水是影响页岩电阻率的重要因素之一。通过岩电实验发现了不同含水饱和度下低阻页岩样品的电阻率变化规律，其含量越高，电阻率越低。通过 TEM 观察发现，低阻页岩样品中存在大量的纳米级水膜，其厚度一般为 $10\sim20nm$，这些水膜主要分布在有机质和黏土矿物之间，形成了连续的导电通道，降低了页岩的电阻率。通过 XPS 分析发现，低阻页岩样品表面的氧含量较高，表明水膜的形成与页岩表面的亲水性有关。

有机质石墨化是指有机质在高温高压条件下发生结构重组和芳香化，形成具有高导电性的石墨相的过程。通过 XRD 分析发现，低阻页岩样品中存在一定量的石墨相，其含量为 $0.5\%\sim1.5\%$。这些石墨相主要来源于有机质的石墨化作用，其晶格常数为 $0.335\sim0.337nm$，晶粒尺寸为 $10\sim20nm$。通过 TEM 观察发现，低阻页岩样品中的石墨相呈片状或颗粒状分布，在有机质和无机矿物之间，这些石墨相由于具有高导电性，能够有效降低页岩的电阻率。通过 XPS 分析发现，低阻页岩样品表面的碳含量较高，表明石墨相的形成与页岩表面的亲碳性有关。

通过 XRD 分析发现，低阻页岩样品中存在一定量的导电矿物，其含量为 $0.2\%\sim0.8\%$。这些导电矿物主要包括黄铁矿、黄铜矿、方铅矿等，它们由于具有高导电性或半导体性质，能够有效降低页岩的电阻率。通过 TEM 观察发现，低阻页岩样品中的导电矿物呈颗粒状或晶体状分布在有机质和无机矿物之间，如图 3.2 所示。

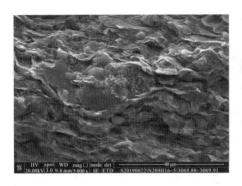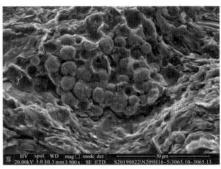

图 3.2　电镜下看到的多簇草莓状黄铁矿

2. 低阻页岩的孔隙结构特征

采用氮气吸附法、压汞法和 SEM 等方法，可对低阻页岩的孔隙结构特征进行分析和表征。

1) 孔体积发育偏小

通过氮气吸附法和压汞法测量不同孔径范围内低阻页岩样品的孔体积，并与常规电阻率（$>50\Omega\cdot m$）的页岩样品进行对比，结果如表 3.1 所示。可以看出，低阻页岩样品的总孔体积（$0.02\sim0.04cm^3/g$）明显低于常规电阻页岩样品的总孔体积（$0.05\sim0.07cm^3/g$），表明低阻页岩的孔隙发育程度较差。这可能与低阻页岩中地层水、有机质石墨化和导电矿物的存在有关，这些因素可能占据了部分孔隙空间，或者阻碍了孔隙的形成和扩展。

表 3.1　不同孔径范围内低阻页岩和常规电阻页岩样品的孔体积对比

孔径/nm	低阻页岩/(cm^3/g)	常规电阻页岩/(cm^3/g)
<2	0.01～0.02	0.02～0.03
2～50	0.01～0.02	0.02～0.03
50～1000	0.003～0.005	0.01～0.02
>1000	0.001～0.002	0.005～0.01
总孔体积	0.02～0.04	0.05～0.07

2) 比表面积发育明显更优

通过氮气吸附法测量不同孔径范围内低阻页岩样品的比表面积，并与常规电阻页岩样品进行对比，结果如表 3.2 所示。可以看出，低阻页岩样品的总比表面积（$40\sim60m^2/g$）明显高于常规电阻页岩样品的总比表面积（$20\sim40m^2/g$），表明低阻页岩的比表面积发育程度较好。这可能与低阻页岩中有机质和黏土矿物的含量较高有关,这些成分可能增加了页岩的表面活性和复杂性。

表3.2 不同孔径范围内低阻页岩和常规电阻页岩样品的比表面积对比

孔径/nm	低阻页岩/(m^2/g)	常规电阻页岩/(m^2/g)
<2	20~30	10~20
2~50	10~20	5~10
>50	10±	5~10
总比表面积	40~60	20~40

3)孔隙形态复杂多样

通过 SEM 观察了低阻页岩样品的表面形貌和纹理,并与常规电阻页岩样品进行了对比。低阻页岩样品的表面形貌和纹理较为复杂多样,呈现出不规则、裂缝、网状、管状等不同的孔隙形态。相比之下,常规电阻页岩样品的表面形貌和纹理则较为简单单一,呈现出平滑、致密、均匀等特征。这可能与低阻页岩中地层水、有机质石墨化和导电矿物的存在有关,这些因素可能增加了页岩的表面活性和复杂性。

综上所述,低阻页岩具有孔体积发育偏小、比表面积发育明显更优、孔径分布呈双峰型、孔隙形态复杂多样等孔隙结构特征。这些特征与低电阻成因机制有密切的关系,反映低阻页岩储层的物性差异性。

3. 含气性影响因素

采用苏州纽迈分析仪器股份有限公司的低场核磁共振仪 LF-NMR(low-field nuclear magnetic resonance)(图 3.3),测试了低阻页岩样品的含气性,并与常规电阻页岩样品进行了对比,结果如表 3.3 所示。可以看出,低阻页岩样品的含气量(0.5~1.5cm^3/g)明显低于常规电阻页岩样品的含气量(1.5~2.5cm^3/g),表明低阻页岩的含气性较差。这可能与低阻页岩中地层水、有机质石墨化和导电矿物的存在有关,这些因素可能影响了页岩中游离气的赋存和运移。

图 3.3 低场核磁共振仪(苏州纽迈)

表 3.3   低阻页岩和常规电阻页岩样品的含气量对比   （单位：cm³/g）

样品	游离气	吸附气	水相	含气量
低阻页岩	0.2～0.5	0.3～1.0	0.2～0.5	0.5～1.5
常规电阻页岩	0.5～1.0	1.0～1.5	0.1～0.2	1.5～2.5

通过综合分析低电阻成因、低阻页岩孔隙结构发育差异等因素，确定了低阻页岩储层含气性的影响因素，包括高含水、高黏土含量和石墨化，简要分析如下。

高含水会占据部分孔隙空间，降低游离气的赋存空间，同时增加页岩的亲水性，降低游离气的运移能力，并且游离气含量降低。因此，高含水对低阻页岩储层含气量有明显的不利影响。黏土含量高会导致孔隙结构发育偏差，降低孔体积和孔径，增加页岩的吸附能力，游离气的释放效率降低。统计表明，低阻页岩样品中的黏土矿物含量较高，且与游离气含量呈负相关关系。石墨化会导致有机质结构重组和芳香化，降低有机质的吸附能力，石墨化还会增加页岩的亲碳性，降低游离气的运移能力。统计表明，低阻页岩样品中的石墨相含量较高，且与游离气含量呈负相关关系。高孔隙则提供了更多的赋存空间和运移通道给游离气，使得页岩中的含气量降低。

高含水、高黏土、高石墨化和高孔隙等因素共同决定了低阻页岩储层的含气性水平，其中，高含水、高黏土、高石墨化均不利于低阻页岩中游离气的赋存和运移，而高孔隙度则有利于低阻页岩中游离气的赋存和运移。

3.1.5 数值模拟

为了进一步研究黄铁矿对泥页岩电学性质的影响，采用有限元法数值模拟不同孔隙结构和不同流体饱和度下泥页岩的电阻率及极化率变化规律。该数值模拟方法是在 COMSOL Multiphysics 软件平台上开发的，可以考虑泥页岩中各种矿物、有机质、孔隙和流体的导电性与极化性，以及它们之间的相互作用和耦合效应。该数值模拟方法的基本原理和步骤如下：

（1）建立泥页岩的三维几何模型。根据实验室测试的泥页岩样品的薄片照片，使用图像处理软件提取出泥页岩中各种组分的轮廓，并将其转换为三维网格。

（2）赋予泥页岩各组分的物理参数。根据文献给出的数据，为泥页岩中各种组分赋予相应的导电性和极化性参数，如表 3.4 所示。其中，导电性参数包括直流电阻率（ρ）和实部电阻率（R），极化性参数包括极化率（χ_e）和弛豫时间常数（τ）。泥页岩中存在多种流体，如水、油、气等，假设它们按一定比例混合在孔隙中，并根据有效介质理论计算出孔隙流体的复合导电性和极化性参数。

表 3.4   泥页岩各组分的物理参数

组分	$\rho/(\Omega\cdot m)$	$R/(\Omega\cdot m)$	$\chi_e/(C\cdot m^2/V)$	τ/s
黏土	10^{-2}	$10^{-2}\sim10^{-1}$	0.1～0.5	$10^{-4}\sim10^{-3}$

组分	$\rho/(\Omega\cdot m)$	$R/(\Omega\cdot m)$	$\chi_e/(C\cdot m^2/V)$	τ/s
碳酸盐	10^2	10^2	0	0
硅酸盐	10^4	10^4	0	0
黄铁矿	10^{-4}	10^{-4}	$0.5\sim1.0$	$10^{-5}\sim10^{-4}$
有机质/页岩石墨化	$10^{-1}\sim10$	$10^{-1}\sim10$	$0.01\sim0.1$	$10^{-6}\sim10^{-5}$
孔隙流体	$10^{-1}\sim10$	$10^{-1}\sim10$	$0.01\sim0.1$	$10^{-6}\sim10^{-5}$

(3)建立泥页岩的电学模型。采用一种基于复数欧姆定律的电学模型，描述泥页岩中电流和电场的分布与变化。该电学模型的基本方程为

$$\nabla\cdot\left(\sigma\nabla U\right)=0 \tag{3.1}$$

式中，σ 为泥页岩的复电导率；U 为泥页岩的电动势。

复电导率和电势为

$$\sigma=\frac{1}{Z}=\frac{1}{R+jX}=\frac{R-jX}{R^2+X^2} \tag{3.2}$$

$$U=U_0e^{i\omega t}=U_0\left(\cos\omega t+i\sin\omega t\right) \tag{3.3}$$

式中，Z 为泥页岩的复电阻率；R 为泥页岩的实部电阻率；X 为泥页岩的虚部电阻率；U_0 为泥页岩的峰值电势；ω 为交流电压的角频率；t 为时间。

根据定义，泥页岩的极化率（χ_e）为

$$\chi_e=\frac{X}{R}=\tan\phi \tag{3.4}$$

式中，ϕ 为泥页岩复电阻率的相位差。

模拟时，在泥页岩三维几何模型的两端施加一个恒定或变化的电压差（ΔU），并在模型内部设置一个网格划分，求解上述方程，得到泥页岩中各点的电流密度（J）和电场强度（E）。

分别在不同孔隙结构和不同流体饱和度下进行数值模拟。不同孔隙结构主要包括孔隙度（φ）、孔隙形状（圆形、椭圆形、裂缝形等）、孔隙分布（均匀、非均匀、连通、非连通等）等因素。不同流体饱和度主要包括水饱和度（S_w）、油饱和度（S_o）、气饱和度（S_g）等。

3.2　黄铁矿及其对页岩电性的影响

黄铁矿在自然界中广泛分布，是沉积岩中最常见的硫化物矿物。黄铁矿是一种含铁硫化物矿物，化学式为 FeS_2，具有金黄色、金属光泽和较高的密度（$4.9\sim5.2g/cm^3$）等特征。EDS 分析结果表明，海相页岩中草莓状黄铁矿的化学成分较为单一，主要为 Fe 和 S 元素，其原子比接近 1:2，符合黄铁矿的理论化学式 FeS_2。同位素比值质谱法（isotope ratio mass spectrometry，IRMS）分析结果表明，黄铁矿中硫同位素 $\delta^{34}S$ 值为 $-30‰\sim-10‰$，平均值为 $-20‰$ 左右。XRD 分析结果表明，五峰组-龙马溪组海相页岩中的主要矿物为石英、方解石、白云石、高岭石、伊利石、钠长石、黄铁矿等。

3.2.1　黄铁矿的类型及其主要特征

黄铁矿也广泛分布于五峰组-龙马溪组页岩中，黄铁矿主要以草莓状、纹层状、结核状、自形以及他形等类型存在，其形态、大小、分布等特征与沉积环境、有机质含量、成岩作用等因素有关。

五峰组-龙马溪组海相页岩中草莓状黄铁矿的含量为 1%～6%，平均含量多超过 2%，粒径主要为 5～10μm，也有少量大于 10μm 或小于 5μm。SEM 观察结果表明，五峰组-龙马溪组海相页岩中普遍发育草莓状黄铁矿，其形态为球形或椭球形，形似草莓，由许多微小的黄铁矿晶体组成(图 3.4)，表面有许多小孔或凹陷，是黄铁矿中最常见的一种类型。草莓状黄铁矿一般分布于有机质丰富的页岩层中，与有机质呈正相关关系，主要赋存于有机质和黏土矿物之间，也可见于碳酸盐矿物和硅质颗粒的表面或内部。草莓状黄铁矿的平均粒径分布稳定，其形成与有机质成熟度、微生物活动、还原性水体等因素有关。主要受控于原始有机质分布，为细菌硫酸盐还原作用的产物，其含量和粒径与沉积环境及有机质成熟度有密切关系。其形成还与环境有着密切的关系，其形态特征和草莓体的大小受环境的制约，利用草莓状黄铁矿的形态特征和分布可以恢复古海洋的氧化还原环境。其形成机制显示氧化还原条件对形成过程和草莓体形态有着重要控制作用，因此草莓状黄铁矿可以指示沉积过程中的沉积环境。

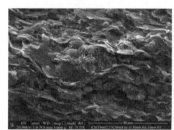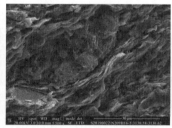

图 3.4　不同产状的黄铁矿颗粒

不同期次黄铁矿，包括草莓状黄铁矿、黄铁矿单晶晶粒及黄铁矿次生加大晶面

纹层状黄铁矿是另一种常见的类型，呈层状或条带状分布于页岩中，与页岩层理平行或呈一定角度交错。纹层状黄铁矿的形成与沉积环境密切相关，反映沉积物中硫化物和硫酸盐还原菌的活动。

结核状黄铁矿是一种较少见的类型，呈球形或椭球形分布于页岩中，大小不一，有时与其他硫化物或碳酸盐共生。结核状黄铁矿的形成与沉积物中局部还原条件和生物作用有关。

自形黄铁矿是一种罕见的类型，呈单晶或多晶聚合体分布于页岩中，具有八面体、十二面体或立方体等不同的晶型。自形黄铁矿的形成与高温高压的成岩作用有关。

他形黄铁矿是一种特殊的类型，呈异型晶体或假象分布于页岩中，具有不同的外观和结构。他形黄铁矿的形成与其他硫化物或碳酸盐等介质的替代或包裹作用有关。

3.2.2　黄铁矿的成因分析

Berner(1984)指出，沉积物中黄铁矿的形成是一个复杂的过程，黄铁矿的形成与有机质密不可分，可以说有机质的重要性贯穿着黄铁矿的整个形成过程。现在普遍认为，硫酸盐和溶解硫化物之间氧化态的溶解硫组分在黄铁矿形成中有着非常重要的作用。

从生成环境来讲，黄铁矿的成因主要有两种，其中一种为原生黄铁矿，形成环境基本为硫化或缺氧环境，通过硫酸盐还原细菌的作用，水体中的硫酸盐、有机质等被分解形成 H_2S，再在有机质等的推动下与沉积物中的活性铁反应生成黄铁矿或一些硫铁化合物，这些硫铁化合物进一步反应生成黄铁矿；另一种为有氧环境，此时硫酸盐还原细菌作用发生在孔隙水中，因受成岩作用后期影响较大，生长速率慢，其粒径普遍大于缺氧环境下的黄铁矿。不同形成环境下的黄铁矿在形态、结构、组成和同位素等方面存在差异，可以反映不同的沉积环境和成藏过程。

从生成的原始物质来讲，黄铁矿的成因一般分为两类：无机成因和生物成因。

无机成因主要指海水中的硫酸盐与地层水中的铁离子发生化学反应，生成黄铁矿。这种机理不需要有机质的参与，通常发生在沉积后期或成岩过程中。这种黄铁矿通常以方晶状、桔梗状或不规则状的形态出现，其粒径与反应温度、压力和时间有关，一般较大，可达数百微米。其硫同位素组成受到水体来源和反应条件的影响，$\delta^{34}S$ 值通常较高，可达 +40‰以上。

生物成因也叫作有机成因，主要指微生物参与硫循环，将海水中的硫酸盐还原为硫化氢，再与地层水中的铁离子或有机质中的铁元素反应，生成黄铁矿。生物成因又可分为两种类型：细菌硫酸盐还原作用(bacterial sulfate reduction，BSR)和热解硫化作用(thermochemical sulfate reduction，TSR)。

BSR 是指在较低温度(<80℃)和较高 pH(>6.5)的条件下，硫酸盐还原菌(sulfate-reducing bacteria，SRB)将海水中的硫酸盐还原为硫化氢，再与地层水中的铁离子或有机质中的铁元素反应，生成黄铁矿。这种机理需要有缺氧、富有机质和富硫酸盐的条件，通常发生在沉积早期。这种黄铁矿通常以草莓状或球状的形态出现，其粒径与沉积环境的氧化还原条件有关，一般为 5～10μm。其硫同位素组成受到 SRB 活动的影响，$\delta^{34}S$ 值通常较低，为-30‰～10‰。

TSR 是指在较高温度(>80℃)和较低 pH(<6.5)的条件下，有机质中的硫化氢与地层水中的碳酸氢根或碳酸盐反应，生成甲烷和二氧化碳，同时释放出硫化氢，再与地层水中的铁离子或有机质中的铁元素反应，生成黄铁矿。黄铁矿是由高温高压下的水合碳氢化合物(hydrating hydrocarbons，HHC)与硫酸盐反应而生成的。这种机理需要有高温高压、富水合碳氢化合物和富硫酸盐的条件，通常发生在深层页岩气藏中。

总之，黄铁矿的形成与沉积环境、有机质成熟度、微生物活动等因素密切相关，其含量、粒径、硫同位素等特征可反映页岩沉积和成熟的历史。黄铁矿不仅是一种重要的地球化学指标，反映页岩沉积和成岩过程中有机质、微生物、还原性水体等因素的作用，而且是一种重要的储层改善剂和勘探响应体，对于页岩气富集和导电性有显著的影响。

3.2.3 黄铁矿对页岩气富集的影响

黄铁矿对页岩气富集有两方面的影响：一是作为有机质成熟度的指示器，反映页岩气生成和排放的条件；二是作为储层改善剂，增加页岩气的储集空间和渗流能力。

黄铁矿作为有机质成熟度的指示器，主要通过其形态、结构、组成、同位素等特征来判断。一般来说，草莓状黄铁矿是低成熟度有机质的标志，其平均粒径与有机质成熟度呈正相关关系；纹层状黄铁矿是中成熟度有机质的标志，其层理间距与有机质成熟度呈负相关关系；自形黄铁矿是高成熟度有机质的标志，其晶型与有机质成熟度呈正相关关系。此外，黄铁矿的化学组成和同位素也可以反映有机质成熟度，如黄铁矿中硫含量和 $\delta^{34}S$ 值随着有机质成熟度的增加而降低。

黄铁矿作为储层改善剂，主要通过其物理性质和化学反应来影响页岩气的储集和渗流。一方面，黄铁矿的存在可以提供较多的吸附位点和微孔，增加页岩气的储集空间；另一方面，黄铁矿可以增加页岩气的渗流能力，因为黄铁矿具有较高的脆性和易溶性，可以在水力压裂或酸化过程中产生较多的裂缝或溶孔。

3.2.4 黄铁矿对页岩导电性的影响

黄铁矿是一种电子良导体，黄铁矿对页岩导电性、极化特性有显著的影响。黄铁矿的含量和形态会影响页岩的导电性和极化程度，一般来说，含量越高，形态越连续，导电性越强，极化程度越低。

为了研究黄铁矿和页岩石墨化对泥页岩电学性质的影响，选取某页岩油气盆地的 10 个泥页岩样品，进行了常规岩石物理分析和电学性质测试。表 3.5 列出了样品的基本信息，包括深度、总有机质含量(TOC)、黄铁矿含量(Py)、页岩石墨化程度(Rm)等参数。

表 3.5 泥页岩样品的基本信息

样品编号	深度/m	TOC/%	Py/%	Rm/%
A1	2500	3.2	0.5	0.8
A2	2600	4.1	1.2	1.2
A3	2700	5.4	2.1	1.8
B1	2800	6.3	3.5	2.4
B2	2900	7.6	4.8	3.2
B3	3000	8.9	6.2	4.1
C1	3100	10.2	7.9	5.6
C2	3200	11.7	9.7	7.3
C3r	3300	13.4		

实验表明，草莓状黄铁矿复电阻率和复电导率随着频率的增加而减小，即存在明显的频散现象，岩石的导电性随着频率的变化而变化。草莓状黄铁矿的样品在低频下的复电阻

率较高(100~200Ω·m)，黄铁矿对页岩导电性的影响较大。其相位差和极化率随着频率的增加而减小，说明样品中存在明显的极化现象，即岩石中的电荷在施加的电场下发生迁移或积累。在低频下的相位差较大(30°~40°)。

一般来说，黄铁矿的直流电阻率较低，介电常数较高，因此，黄铁矿可以降低地层介质的实部电阻率，增加地层介质的虚部电阻率，从而增加地层介质的复电阻率幅值和相位。这样，黄铁矿就可以作为复电阻率勘探的响应体，用于识别和评价页岩气储层。

根据对长宁区块岩心的测试分析发现，黄铁矿含量与岩心电阻率呈明显的负相关关系，如图 3.5 所示。

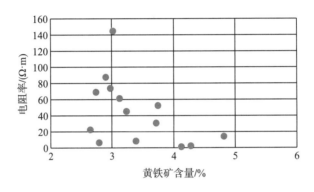

图 3.5　电阻率随黄铁矿含量变化散点图

3.3　石墨化及其对页岩电性的影响

石墨是一种具有高结晶度和导电性的碳基材料，是导电性极强的非金属矿物，在常温下电阻率可达 $8×10^{-6}$~$13×10^{-6}$Ω·m。页岩石墨化(graphitization)是指页岩中有机质经过高温高压的热演化，转变为石墨的过程。页岩的石墨化形成与页岩沉积环境、有机质类型、成熟度、构造作用等因素密切相关，本节主要以下寒武统筇竹寺组和奥陶系五峰组-志留系龙马溪组海相页岩为例进行阐述。

实验测试分析表明：①南部海相页岩中有机质主要为 II 型干酪根，其石墨化程度随成熟度增加而增加，R_o 大于 2.0%时开始出现明显的石墨化现象；②页岩石墨化主要表现为有机质微孔和裂缝的消失，有机质颗粒的融合和变形，以及有机质与无机质之间的界面模糊；③页岩石墨化区主要分布在古隆起区域，其周边地区受到构造活动和埋藏深度的影响，呈现出不同程度的非石墨化区；④页岩石墨化降低了有机质的生气潜力和含气量，降低了储层的孔隙度和渗透率，增加了储层的压缩性和吸附性；⑤页岩石墨化提高了储层的电导率和极化率，增强了储层的电性各向异性和频散效应。

另外，根据 X1 井龙马溪段镜质体反射率 R_o 的实验数据与该井测井响应曲线(图 3.6)的对比发现，镜质体反射率与地层深电阻率存在较明显的负相关性，这说明，有机质的过成熟、页岩石墨化与页岩电阻率之间存在关系。

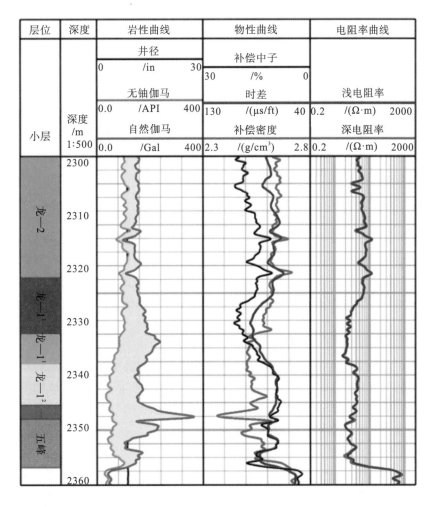

图 3.6　X1 井龙马溪段测井响应曲线(龙 1 段，电阻率降低明显)

3.3.1　页岩石墨化特征

南方海相的下寒武统筇竹寺组和奥陶系五峰组-志留系龙马溪组等海相黑色页岩主要由泥质碎屑、碳酸盐、硅质和有机质等组成，具有较高的有机碳含量(平均 2.5%~5%)，以 I 型和 II 型为主。这些页岩在高温高压条件下发生了不同程度的石墨化作用，导致了原始有机质结构和组成的改变。石墨化后的页岩呈现黑色或灰黑色，具有金属光泽，断口呈片理或鳞片状，硬度较低，易于剥落。在薄片上，可以观察到不同形态和大小的碳质介质颗粒或薄片，与其他无机矿物混杂或包裹在一起。

页岩石墨化是一种有机质热演化的特殊过程，其机理尚不完全清楚，目前主要有两种观点：一种是认为页岩石墨化是有机质在高温高压条件下经历了干酪根、沥青、沥青质和石墨质等不同阶段的演化过程，是一种连续的变质作用；另一种是认为页岩石墨化是有机质在高温高压条件下发生了突然的结构重组和分子裂解，是一种不连续的转化作用。这两种观点都有一定的实验和理论依据，但也存在一些不足和争议，需要进一步的研究和验证。

1. 地球化学特征

页岩石墨化主要表现为以下几个方面的地球化学特征。

1) 固定碳含量增加

固定碳是指经过空气氧化后仍保留在残渣中的碳,反映有机质中芳香结构的含量和稳定性。页岩石墨化区域的固定碳含量普遍较高,达到30%~60%,甚至超过80%,而非石墨化区域的固定碳含量一般低于20%。

2) 氢碳比和氧碳比降低

氢碳比和氧碳比是反映有机质中烷基和官能团的含量与变化的重要参数。页岩石墨化区域的氢碳比和氧碳比普遍较低,分别为0.1~0.5和0.01~0.1,而非石墨化区域的氢碳比和氧碳比一般为1~2和0.1~0.5。这表明在页岩石墨化过程中,有机质中的烷基和官能团发生了大量的裂解和消耗,导致了有机质的芳香化和石墨化。

3) 芳香度和结晶度增加

芳香度和结晶度是反映有机质中芳香环的数量和排列的重要指标。页岩石墨化区域的芳香度和结晶度普遍较高,分别为0.8~0.9和0.6~0.8,而非石墨化区域的芳香度和结晶度一般为0.4~0.6和0.2~0.4。这表明在页岩石墨化过程中,有机质中的芳香环数量增加了,并且形成了更加规整和紧密的排列方式。

4) 热解产物变化

热解产物是指将页岩样品在无氧条件下加热至一定温度后释放出来的气体、液体和固体介质。页岩石墨化区域的热解产物与非石墨化区域有明显的差异,主要表现在热解总有机碳(TOC)含量降低、热解可生气(S1)含量降低、热解可生烃(S2)含量降低和热解残渣(S3)含量升高。

(1) 热解总有机碳(TOC)含量降低。

页岩石墨化区域的TOC含量普遍较低,一般为1%~3%,而非石墨化区域的TOC含量一般为3%~10%。这表明页岩石墨化过程中,有机质发生了大量的裂解和转化,导致了TOC含量的降低。

(2) 热解可生气(S1)含量降低。

S1是指页岩样品在加热至300℃时释放出来的已成熟或自生自储的油气,反映页岩中油气的丰度。页岩石墨化区域的S1含量普遍较低,一般为0.1~0.5mg/g,而非石墨化区域的S1含量一般为0.5~2mg/g。这表明页岩石墨化过程中,有机质中的油气发生了大量的释放和损失,导致了S1含量的降低。

(3) 热解可生烃(S2)含量降低。

S2是指页岩样品在加热至550℃时释放出来的未成熟或未释放的油气,反映页岩中油气的潜力。页岩石墨化区域的S2含量普遍较低,一般为0.5~2mg/g,而非石墨化区域的

S2 含量一般为 2~10mg/g。这表明页岩石墨化过程中，有机质中的油气发生了大量的生成和消耗，导致了 S2 含量的降低。

(4)热解残渣(S3)含量升高。

S3 是指页岩样品在加热至 550℃后留下的固体残渣，反映页岩中有机质的稳定性。页岩石墨化区域的 S3 含量普遍较高，一般为 1~5mg/g，而非石墨化区域的 S3 含量一般为 0.1~1mg/g。这表明页岩石墨化过程中，有机质中的碳质介质增多了，并且形成了更加稳定和难以裂解的结构。

2. 光学特征

页岩石墨化也可以通过光学显微镜观察到以下几个方面的特征。

1)反射率增大

反射率是指有机质在垂直入射下反射出来的光强度与入射光强度之比，反映有机质的成熟度和演化程度。页岩石墨化区域的反射率普遍较高，达到 1.5%~4%，甚至超过 5%，而非石墨化区域的反射率一般低于 1.5%。这表明页岩石墨化过程中，有机质经历了高温高压的作用，导致了反射率的增大。

2)显色性降低

显色性是指有机质在偏光下呈现出不同颜色的能力，反映有机质中芳香环和官能团的变化。页岩石墨化区域的显色性普遍较低，一般为灰色或黑色，而非石墨化区域的显色性一般为黄色或棕色。这表明页岩石墨化过程中，有机质中的芳香环增多了，并且官能团减少了，导致了显色性的降低。

3)形态变化

形态是指有机质在薄片上呈现出不同形状和大小的特征，反映有机质中碳骨架和分子结构的变化。页岩石墨化区域的有机质形态普遍较为简单和均一，一般为圆形或椭圆形的碳质颗粒或薄片，大小为 1~10μm，而非石墨化区域的有机质形态较为复杂和多样，一般为不规则或分枝状的腐泥体或藻体，大小为 10~100μm。这表明页岩石墨化过程中，有机质中的碳骨架和分子结构发生了重组和简化，导致了形态的变化。

3.3.2　页岩石墨化的影响因素

页岩石墨化主要受埋深、温度、压力、构造、岩性、有机质形态等几个方面的影响。

埋深是影响页岩石墨化的最主要因素，因为埋深决定了页岩所受到的温度和压力条件。一般来说，埋深越深，温度和压力越高，页岩石墨化程度越高。例如，下寒武统筇竹寺组和奥陶系五峰组-志留系龙马溪组等海相黑色页岩的埋深范围较大，从几百米到几千米不等，因此其页岩石墨化程度也有较大差异。一般来说，在四川盆地东部和南部地区，由于受到喜马拉雅造山带的挤压作用，海相黑色页岩埋深较深，达到 3000~5000m，有些甚至超过 7000m，因此其页岩石墨化程度较高；而在西部和北部地区，由于受到青藏高原隆升的拉张作用，海相黑色页岩埋深较浅，一般为 1000~3000m，因此其页岩石墨化程度较低。

构造是影响页岩石墨化的次要因素，因为构造决定了页岩所受到的应力和变形程度。构造作用会导致页岩发生断裂、折叠、剪切等变形过程，从而改变页岩的应力状态和流体活动。一般来说，构造活动越强烈，应力和变形越大，页岩石墨化程度越高。四川盆地是一个多期复杂的构造单元，经历了多次构造运动和构造变形，因此其海相黑色页岩也受到了不同程度的构造影响。一般来说，在其中部和西南部地区，由于受到龙门山断裂带、安宁河断裂带和麻江断裂带等主要断裂带的切割和剪切作用，海相黑色页岩构造变形程度较高，因此其页岩石墨化程度较高；而在其东部和北部地区，由于受到川西拗陷、川北坡降等相对稳定的地块的保护，海相黑色页岩构造变形程度较低，因此其页岩石墨化程度较低。

岩性是影响页岩石墨化的辅助因素，因为岩性决定了页岩的物理性质和化学组成。一般来说，岩性杂质越多，物理性质和化学组成越复杂，页岩石墨化程度越低。海相黑色页岩的岩性主要为泥质碎屑、碳酸盐、硅质、硫化物、氧化物和有机质等组成的泥质页岩、泥灰岩、泥质硅质岩等，因此其页岩石墨化程度也有一定差异。一般来说，在四川盆地中部和西南部地区，由于受到海相沉积环境的控制，海相黑色页岩岩性较纯净，主要为泥质页岩或泥灰岩，因此其页岩石墨化程度较高。

页岩石墨化区域的有机质形态普遍较为简单和均一，一般为细小的颗粒或薄片，与其他矿物混杂或包裹在一起，难以辨认出原始的生物来源和类型，而非石墨化区域的有机质形态较为复杂和多样，可以观察到不同种类的藻类、孢子、花粉、树脂等生物碎屑和沥青滴等原生有机质。

3.3.3 石墨化对页岩气的影响

页岩石墨化对页岩气的生成、运移、储集和开发都有重要的影响，主要表现在以下几个方面。

1. 对页岩气生成的影响

页岩气的生成主要依赖于有机质的热解过程，而页岩石墨化是一种有机质的特殊热解过程。一方面页岩石墨化可以促进有机质中油气的生成和释放，提高页岩气的丰度和成熟度。另一方面，石墨化也可以抑制有机质中油气的生成和释放，降低页岩气的潜力和稳定性。具体来说，当埋深为 4000~5000m 时，石墨化对页岩气生成有利，因为此时有机质处于高成熟阶段，油气生成速率较快，而且还没有达到最大释放量；当埋深超过 5000m 时，石墨化对页岩气生成不利，因为此时有机质处于过成熟阶段，油气生成速率较慢，而且已经超过了最大释放量。

2. 对页岩气运移的影响

页岩气的运移主要依赖于页岩中裂缝和孔隙的连通性和渗透性。当构造作用较强时，页岩石墨化对裂缝和孔隙的形成有利，因为此时有机质受到较大的应力和流体作用，容易发生断裂和剪切；当构造作用较弱时，石墨化对裂缝和孔隙的形成不利，因为此时有机质受到较小的应力和流体作用，容易发生压实和胶结。

3. 对页岩气储集的影响

页岩气的储集主要依赖于页岩中有机质、裂缝和孔隙等储层空间的容量和有效性。当有机质处于高成熟阶段，油气释放量逐渐增大，且没有达到最大释放量时，石墨化对储层空间的容量和有效性是有利的。但是当有机质处于过成熟阶段，油气释放量较小，而且已经超过最大释放量时，石墨化对储层空间的容量和有效性不利。

4. 对页岩气开发的影响

页岩气的开发主要依赖于水力压裂等改造技术对页岩中油气的解吸、解析和排出效果，在页岩中油气的吸附和解吸能力较强，而且还没有达到最大释放量时，石墨化对水力压裂等改造技术的效果有利。当页岩中油气的吸附和解吸能力较弱，而且已经超过最大释放量时，石墨化对水力压裂等改造技术的效果不利。

3.3.4　石墨化对页岩导电性的影响

页岩石墨化对页岩导电性的影响主要表现在以下几个方面。

(1)对页岩电导率的影响。页岩石墨化区域的电导率普遍较高，达到 10～100S/m，而非石墨化区域的电导率一般低于 100S/m。

(2)对页岩极化率的影响。页岩石墨化区域的极化率普遍较高，达到 0.001～0.01F/m，而非石墨化区域的极化率一般低于 0.0001F/m。这表明页岩石墨化过程中，有机质中的碳质形成了更加规整和紧密的排列方式，导致了极化率的增加。

(3)对页岩电频散的影响。频散效应是指介质在不同频率下表现出不同的导电或极化特性，反映介质中不同尺度和类型的电荷迁移机制。一般来说，电荷迁移机制越复杂，频散效应越明显。页岩石墨化区域的频散效应普遍较明显，在低频段(10^{-3}～10Hz)表现出较高的电导率和极化率，在高频段(10^2～10^5Hz)表现出较低的电导率和极化率，而非石墨化区域的频散效应相对较弱，在不同频段下表现出较为一致的电导率和极化率。这表明页岩石墨化过程中，有机质中存在着不同尺度和类型的电荷迁移机制，如离子迁移、界面极化、空间电荷极化、电子跃迁等。

以长宁龙马溪地层为例，这一地区的龙马溪组富有机质页岩的石墨化主要受地下岩浆活动的影响，深层热液流体沿该区一些主要断裂向上运移，导致大量有机质因温度过高而发生石墨化，并进一步导致了页岩气储层的物性变差、含气量降低。有机质石墨化的同时，还导致了页岩物性的降低，电阻率的降低。有机质含量也是影响页岩气层电阻率的一个主要因素。根据 X2 井页岩样品测试数据(表 3.6)可知,页岩有机碳含量与其电阻率呈明显的反比关系,见图 3.7。

表 3.6　X2 井页岩样品测试参数

序号	层号	孔隙度/%	含水饱和度/%	渗透率/nD	黏土含量/%	有机碳含量/%	吸附气含量/(m³/t)	游离气含量/(m³/t)	总含气量/(m³/t)	岩心电阻率/(Ω·m)
1	L1₁⁴	5.4	49.5	93	25.1	2.6	1.7	2.2	3.9	10
2	L1₁³	7.7	47.4	257.2	15	4.3	2.5	3.2	5.7	1.6
3	L1₁²	7.3	45.6	182.3	10.4	4.2	2.5	3	5.5	1.7
4	L1₁¹	7.2	47	183.1	8.7	4.7	2.7	2.9	5.6	1.6
5	W	5.5	39.7	48.3	16	3.3	2	2.4	4.4	1.8
平均值		5.9	48.5	119.6	21.7	3	1.9	2.4	4.3	7.8

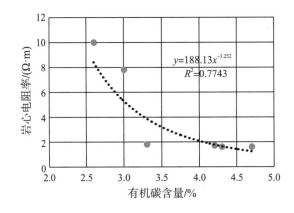

图 3.7　X2 井有机碳含量与岩心电阻率关系图

目前多采用激光拉曼光谱测试页岩有机质的石墨化程度。一般认为,拉曼光谱中的 G′峰即为石墨峰,是识别固体有机质是否石墨化的最直接的方法。如图 3.8 所示,在五峰组-龙马溪组的页岩样品的拉曼光谱中,可以明显地识别出 4 种有代表性的石墨峰的形态。

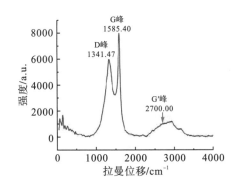

图 3.8　五峰组-龙马溪组页岩样品的激光拉曼光谱图

(引自刘力,2020)

随着演化程度的不断升高，有机质的化学成分会逐渐变化，C/H(原子个数)比值也会随温度升高而不断升高，并最终进入过成熟演化阶段，转化为石墨或炭沥青等矿物。石墨是一种良导体，大面积的石墨化，必然导致页岩气层的电阻率下降。对比发现，很多井的电阻率测井曲线的漏斗形、低平直线形、钟形，分别与强、弱、未石墨化页岩相对应。

综上所述，黄铁矿和页岩石墨化对泥页岩的电学性质有显著影响，可以作为划分泥页岩类型、评价泥页岩成熟度、识别泥页岩油气富集区等的有效指标。黄铁矿是一种导电性较强的金属硫化物，与有机质含量和生烃潜力正相关，可以提高泥页岩的电导率和极化率；页岩石墨化是指有机质在高温高压下转变为类似石墨的碳质介质，这种介质具有很高的导电性，可以降低泥页岩的电阻率和极化率。泥页岩中黄铁矿和页岩石墨化对其电学性质的影响受到孔隙结构和流体饱和度等因素的制约。一般来说，孔隙度越大、孔隙形状越规则、孔隙分布越均匀、孔隙连通性越好，黄铁矿和页岩石墨化对其电学性质的影响越小；水饱和度越高、油饱和度越低、气饱和度越高，黄铁矿和页岩石墨化对其电学性质的影响越大。泥页岩中黄铁矿和页岩石墨化对其电学性质的影响随着频率的变化而变化。一般来说，随着频率的增加，泥页岩的电阻率和极化率都会降低，但降低的幅度和速度与黄铁矿和页岩石墨化的含量和形态有关。黄铁矿含量越高、形态越复杂，其对泥页岩电学性质的影响越明显；页岩石墨化程度越高、结构越有序，其对泥页岩电学性质的影响越明显。

3.4　微纳孔介质导电性

地层微纳米孔隙中导电模型是指根据地层微纳米孔隙的结构和流体的性质，建立地层微纳米孔隙的导电方程或关系式，用于计算或预测地层微纳米孔隙的导电性。一般来说，地层微纳米孔隙中导电模型可以分为两类：宏观导电模型和微观导电模型。宏观导电模型是指基于有效介质理论，将地层视为由固相和流体相组成的复合介质，忽略孔隙内部的细节，只考虑整体的导电性。微观导电模型是指基于双电层理论、离子迁移理论以及量子力学等相关理论，将地层视为由多个微纳米孔隙组成的网络，考虑孔隙内部的细节，如流体的极化和迁移等。下面分别对这两类导电模型进行简要介绍。

3.4.1　孔隙流体离子导电

孔隙流体离子导电是指孔隙中的水溶液或其他流体中的离子在外加电场作用下产生定向运动，形成电流的现象。孔隙流体离子导电是泥页岩地层中最主要的导电机制，其电导率大小取决于孔隙流体的含量、成分、温度、压力等因素。一般来说，孔隙流体含量越高，孔隙流体的电导率越高，泥页岩地层的导电性越好。孔隙流体中的主要离子有 Na^+、K^+、Ca^{2+}、Mg^{2+}、Cl^-、SO_4^{2-} 等，它们的浓度和比例会影响孔隙流体的电导率。温度和压力的变化也会影响孔隙流体离子的活度和迁移率，从而影响孔隙流体的电导率。

3.4.2　宏观导电模型

宏观导电模型可以分为串联模型、并联模型、混合模型等。串联模型是指将地层视为由多个具有不同导电性的薄层串联而成，每个薄层可以由固相和流体相组成。并联模型是指将地层视为由多个具有不同导电性的颗粒并联而成，每个颗粒可以由固相和流体相组成。混合模型是指将地层视为由多个具有不同形状和大小的颗粒或薄层混合而成，每个颗粒或薄层可以由固相和流体相组成。

宏观导电模型的优点是简单易用，只需要知道固相和流体相的导电性和含量即可计算地层的导电性。宏观导电模型的缺点是忽略了孔隙内部的细节，如流体在微纳米孔隙中受到的约束、极化、迁移等效应，因此不能准确反映微纳米孔隙中流体对外加电场或交变电场的响应。因此，宏观导电模型只适用于低频或直流场下的地层微纳米孔隙的导电性计算或预测。

3.4.3　微观导电模型

一般来说，微观导电模型可以分为两类：静态导电模型和动态导电模型。静态导电模型是指基于双电层理论，将地层视为由多个具有不同形状和大小的双电层组成，每个双电层由固相和流体相组成。动态导电模型是指基于离子迁移理论，将地层视为由多个具有不同形状和大小的离子迁移单元组成，每个离子迁移单元由固相、流体相和离子组成。

微观导电模型的优点是能够考虑孔隙内部的细节，如流体在微纳米孔隙中受到的约束、极化、迁移等效应，因此能够准确反映微纳米孔隙中流体对外加电场或交变电场的响应。微观导电模型的缺点是复杂难用，需要知道固相和流体相的导电性、含量、形状、大小等，以及孔隙之间的连通性、阻抗等参数。因此，微观导电模型只适用于高频或交流场下的地层微纳米孔隙的电导率计算或预测。

3.4.4　电性的影响因素

地层微纳米孔隙中的导电性是由多种因素共同决定的，其中最主要的有孔隙结构、流体性质、温度、压力等。这些因素不仅影响孔隙内部的电荷分布和迁移，还影响孔隙之间的连通性和阻抗，从而影响整个地层的导电能力。

孔隙结构是决定地层微纳米孔隙导电性的基本因素。微纳米孔隙中流体对外加电场或交变电场的响应与宏观孔隙中流体有明显差异，表现出非欧姆性、频散性等特点。因此，微纳米孔隙的导电性与孔径大小有密切关系，一般来说，孔径越小，导电性越低；孔隙形状越复杂，导电路径也就越复杂，使其导电性越低；孔隙分布越均匀，导电性越高；孔隙连通性越好，导电性越高。

3.5　微纳孔介质介电性

3.5.1　微纳米孔微观粒子电容模型

泥页岩地层中的介电性主要包括两个方面：一是黏土矿物本身的介电特性；二是黏土矿物与孔隙水的相互作用的过程中表现出来的介电性。无论是黏土矿物，还是地层孔隙结构，其非均质性都非常强。即使是地层水，由于孔隙形态、连通性、孔隙半径大小，以及溶解其中各种不同浓度、不同电价、不同迁移速度的阴阳离子的存在，其非均质性也非常明显。

泥页岩中孔缝的特点是：①孔喉半径小，为微纳米级；②孔隙连通性差；③孔喉结构复杂；④微裂缝发育；⑤有机孔、无机孔并存，如图 3.9 所示。

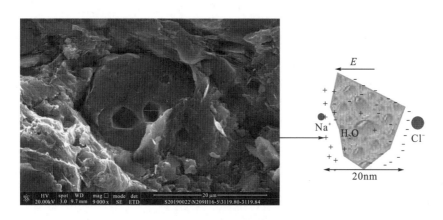

图 3.9　页岩中孤立孔隙在外场作用下的响应

研究表明，在外加电磁场的作用下，泥页岩的微纳孔缝结构中会形成三类非常规的电容模型，称之为微观离子电容模型。

(1)第Ⅰ类：即粒间孔微观离子电容模型(图 3.10)，粒子间可能充满油、气、水这类流体，砂岩和灰岩颗粒几乎不与电磁场发生作用。在外加电磁场的作用下，溶解于粒间孔隙溶液中的阴阳离子会向孔壁两侧运动，由此，将在孔壁两侧由阴阳离子形成阴阳电极，由不导电的水分子、油气分子形成的微纳米级微观电容，称为第Ⅰ类微观离子电容。

(2)第Ⅱ类：即颗粒+孤立孔微观离子电容模型(图 3.11)，孤立孔中也充满着油、气、水这些流体，而泥页岩的孔壁上一般会有一层水膜，水膜中存在 Zeta 电势(记为 ζ，详见 4.3.3 节)；同时，在外加电磁场(U_0)的作用下，溶解于粒间孔隙溶液中的阴阳离子会向孔壁两侧运动，Zeta 电势与外加电磁场的电势方向相反，因此，孔隙流体内游离的离子将受到两个场的同时作用。在 $U_0+\zeta$ 的共同作用下，将在孔壁两侧由阴阳离子形成阴阳电极，由不导电的水分子、油气分子形成的微纳米级微观电容，称为第 II 类微观离子电容。

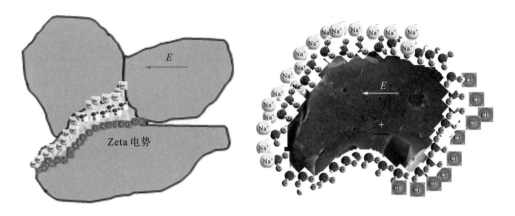

图 3.10　第 I 类微观离子电容模型　　　　　图 3.11　第 II 类微观离子电容模型

(3) 第Ⅲ类：即黄铁矿或石墨或其他有机质参与的微观离子电容模型(图 3.12)，由于这类可导电介质的存在，如前所述，黄铁矿会形成与外场相反方向的电势，以 U_p 表示。相对于外场作用，孤立的黄铁矿颗粒的影响很微弱，但是随着径向深度的增加，外场的强度随着源距按负指数衰减，黄铁矿应电磁场 U_p 的相对影响会逐渐增强。在 U_0+U_p 的双重作用下，颗粒间溶于溶液中的阴阳离子向孔壁两侧移动，阴阳离子形成阴阳电极，由不导电的水分子、油气分子形成的微纳米级微观电容，称为第Ⅲ类微观离子电容。黄铁矿的含量是页岩电极化率的主导因素，这是因为黄铁矿是仅次于石墨的强极化半导性矿物颗粒，其面极化系数达 7.5 左右，远大于其他非极化介质产生的影响。

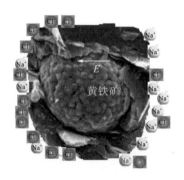

图 3.12　第Ⅲ类微观离子电容模型

将这三类微观离子电容模型可以抽象为以下统一模型，如图 3.13 所示。这里微观离子模型的特点是：阴阳电极由溶液中阴阳离子，或者孤立孔缝结构内壁的带电离子，又或者是黄铁矿或者石墨等导电矿物形成微观离子或电子组成，而其间的介质是水分子或油气分子。

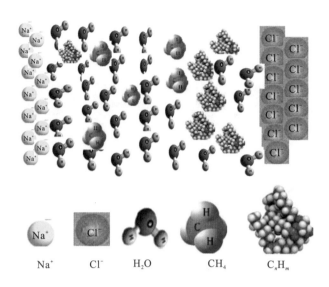

图 3.13　微纳米空间微观离子电容模型

（上述模型并未按照其真实大小，仅示意）

微观离子电容(microscopic ion capacitor)是与常规电容有显著差异的，具体来讲，有以下几个方面的不同：

(1)形状不规则，与平行板电容器不同，岩石微纳米多孔介质中的离子电容是在孔隙中形成的，所以其形状受到孔隙结构的限制，往往都是规则不对称的。

(2)电极的两极板是由溶液中阴阳离子构成的，而不是由金属板上的自由电子或空穴形成，此外，溶液中的阴阳离子可能由于泥页岩 Zeta 电势的影响，阴阳两极电荷可能并不平衡。

(3)微观离子电容极板间的距离 d 是微米、纳米级的，并且是变化的。阴阳离子的半径不一样(表 3.7)，例如，CH_4 分子直径为 0.414nm，H_2O 分子半径为 0.4nm，Na^+ 的半径为 0.098nm，导致极板的距离并不是恒定的，除极板距离外，极板的面积也是不断变化的。

(4)与平行板电容不同，平行板电容的极板长度 L 与极板间距离 d 相比大很多，即 $L \gg d$，而离子电容的两极之间的距离与电容两极极板长度相比，可能相等，甚至大于极板的长度，即 $L \approx d$，或 $L < d$。

(5)离子电容是动态变化的，离子电容的两极板以及极板间的溶液在孔隙压差和电势压差的双重作用下运动，阴阳离子的数量、离子价都是随时变化的，所以，极板上的电势是随时变化的，而油气水介质一直处于流动状态，即介质本身也是随时变化的。

页岩微纳米孔缝结构中，微观粒子电容的这些特征使得页岩储层的电学特性非常复杂。因此需要做更加深入细致的研究，才能建立适合页岩类致密储层的电学模型，上述分析还说明，页岩类致密储层中，不仅仅是导电特征，更多地表现为介电特征。

表 3.7　一些主要离子的半径（与氢原子半径比值）

原子序数	元素	离子符号	离子晶体半径比
6	碳	C^{4+}	16
8	氧	O^{2-}	140
11	钠	Na^+	102
12	镁	Mg^{2+}	72
13	铝	Al^{3+}	53.5
14	硅	Si^{4+}	40
16	硫	S^{2-}	184
17	氯	Cl^-	181
19	钾	K^+	138
20	钙	Ca^{2+}	100

3.5.2　微观粒子电容的特征

页岩中，由于孔隙的孤立，其电性更多地表现为介电性质。在外场作用下，将形成上述的三种类型的微观粒子电容。页岩中的微观粒子电容有粒间孔微观粒子电容模型、颗粒+孤立孔微观粒子电容模型、黄铁矿或石墨或其他有机质参与的微观粒子电容模型三种主要的类型。页岩微观粒子电容与常规平行板电容器不同，其正负电极是由阴阳离子组成的，其极板面积、极板距离、极板间电势差、电介质本身都是变化的。

3.6　微纳孔介质电性实验测试与电学模型分析

本节对所获取的岩心样品进行物性参数和电学参数测量，主要是电阻率和介电常数（电容率）的测量及测试结果的统计分析。

3.6.1　电学参数测试

1. 电阻率测量

一般来说，电阻率测量可以分为两种方法：恒流法和恒压法。恒流法是指在地层样品两端施加恒定的电流，通过测量两端的电压差来计算地层样品的电阻率。恒压法是指在地层样品两端施加恒定的电压，通过测量两端的电流来计算地层样品的电阻率。通过电阻率测量，可以反映地层微纳米孔隙中流体的迁移能力和连通性。但是电阻率测量只适用于直流或低频交流场下的地层微纳米孔隙的导电性测量。

2. 介电常数测量

介电常数测量是指利用无线电波或微波，对地层微纳米孔隙的介电常数进行测量。一般来说，介电常数测量可以分为两种方法：反射法和透射法。反射法是指在地层样品表面发射无线电波或微波，通过测量反射信号的强度和相位来计算地层样品的介电常数。透射法是指在地层样品两端施加无线电波或微波，通过测量透射信号的强度和相位来计算地层样品的介电常数。介电常数测量能够反映地层微纳米孔隙中流体的极化能力和频散性，能够捕捉到流体在微纳米孔隙中对无线电波或微波的响应。但介电常数测量只适用于无线电波或微波下的地层微纳米孔隙的电性测量。

3.6.2　实验数据分析

在岩石介电常数测试中，由于介电常数受频率的影响，而且测量介电常数的方法有多种，如平行板电容法、终端开路同轴线法、谐振腔法、自由空间法和传输线法。这些方法各有优缺点，详情见表 3.8。在终端开路中，一端导线连接到测试仪器上，并以开路状态终止，而另一端则被悬空或连接到导体的末端，测试仪器会沿着导线发送一个短脉冲信号，然后开路终端会得到反射信号，反射信号的特性(如振幅、时间延迟等)可用来计算导线长度、阻抗等参数。测量原理如图 3.14 所示。

表 3.8　介电常数测量方法优缺点

方法	优点	缺点
平行板电容法	简单易行，可测定任何材料，无须改变其状态，精度较高	只适用于绝缘材料和导电材料，测量过程可能受温度和湿度等环境因素的影响
终端开路同轴线法	测量频率范围广，可测量高损耗介质，仪器精度高，测量结果稳定可靠	需要专业仪器和较长的测试时间，需要进行复杂的数据处理，实验成本较高
谐振腔法	可测量复杂的介质，可测量广泛的频率范围，精度高	需要专业仪器和较长的测试时间，实验成本较高
自由空间法	可测量广泛的频率范围，测量结果直接，测量过程简单	受环境因素影响较大，需要较大的开放空间，对实验室条件有要求
传输线法	测量宽频带介质，精度较高，易于自动化操作，适用于在线监测	需要专业仪器，实验成本较高，需要在测试介质中安装传输线，可能影响介质本身的特性

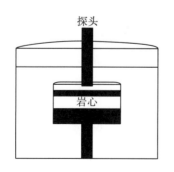
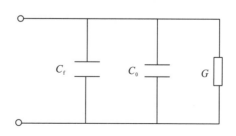

图 3.14　终端开路同轴线法测量原理

图 3.14 中 C_f 为充填介质同轴线段内侧等效电容，C_0 和 G 分别为终端开路边缘和终端介质产生的电容和电导。根据传输线理论能够得到以下关系式：

$$\begin{cases} \varepsilon' = \dfrac{-2\tau\sin\phi}{\omega C_0 Z(1+2\tau\cos\phi-\tau^2)} - \dfrac{C_f}{C_0} \\[4mm] \varepsilon'' = \dfrac{1-\tau^2}{\omega C_0 Z_0(1+2\tau\cos\phi+\tau^2)} \end{cases} \qquad (3.5)$$

式中，ε' 为介电常数的实部；ε'' 为介电常数的虚部；C_0 为终端开路端岩心样品产生的电容(F)；C_f 为待测岩心同轴线段内侧等效电容(F)；ω 为角频率(rad/s)；Z 为同轴线系统特性阻抗(Ω)；Z_0 为同轴线样品特性阻抗(Ω)；ϕ 为反射系数的相角(°)；τ 为反射系数的幅值。

如图 3.15 所示，进行介电常数测量时，需要将岩心切割磨制成薄片状，岩石复电阻率实验岩心为标准柱状。在进行实验之前，需要对岩心样品进行洗油洗盐和烘干处理，以确保实验的准确性，然后测量岩心样品的基本物理参数，测量三次取平均值。本实验设计了 5 组矿化度的岩石扫频介电实验和复电阻率实验，配置五种矿化度(0g/L、5g/L、10g/L、25g/L 和 50g/L)的 NaCl 溶液，在每个矿化度下，将岩心通过驱替的方法改变含水饱和度，进行不同含水饱和度下的介电扫频测量；同时进行相同矿化度下的复电阻率实验，通过阿尔奇公式来计算胶结指数。最后分析含水饱和度、矿化度、孔隙度及胶结指数对介电频散特性的影响。

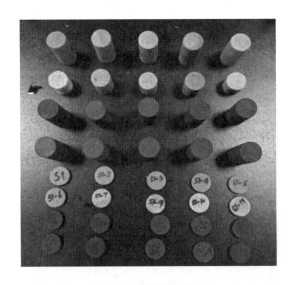

图 3.15　测试样品岩心

1. 介电常数测量步骤

本实验采用终端开路同轴线法测量相对介电常数，适用 PNA37020 型矢量网络分析仪进行介电频散测量，测量频率范围为：30MHz～3GHz，频率精度为：≤10⁻⁵，频率分辨率为：10kHz。符合行业标准《岩样介电常数测量方法》(SY/T 6528—2002)的要求，扫频介电实验的测量步骤如下。

1)薄片岩心制备

通过切割、打磨将岩心制备成长度为 4mm 左右、直径为 25mm 左右的薄片状样品。

2)启动矢量网络分析仪

将仪器预热 30min 进行调试，依次插入开路器、短路器和精密负载器进行开路校正、短路校正和校零，最后使用标准件聚四氟乙烯，厚度为 4mm，进行 K 值校正，校正后的相对介电常数值为 2。设置起始频率(30MHz)、终止频率(1000MHz)以及步长(10MHz)。

3)正式测量

将薄片放入岩心室，点击测量；首先测量干样的相对介电常数，然后用不同矿化度的饱和溶液加压饱和，测量百分百饱和的岩心相对介电常数，完全饱和的岩心通过蒸发烘干的方式改变薄片岩心的含水饱和度，然后进行不同饱和度下的岩心介电实验测量；测完后将岩心洗油洗盐烘干，重新饱和再测量。

2. 岩心物性参数

在进行实验之前，先测量岩心的孔隙度和渗透率，柱状岩心采用气测孔隙度和气测渗透率测量，薄片状岩心采用液体饱和法进行孔隙度测量。岩心物性参数如表 3.9 所示。

表 3.9　岩心物性参数

岩性	编号	直径/mm	长度/mm	干重/g	孔隙度/%	渗透率/mD
	s1	25.40	44.35	51.35	13.98	8.831
	s2	25.35	44.73	51.25	15.18	11.745
	s3	25.38	43.98	50.87	14.76	10.632
	s4	25.16	38.89	46.21	13.88	9.526
	s5	25.28	44.23	51.60	14.57	10.384
	s11	25.34	29.21	33.87	9.27	7.805
	s12	25.36	29.37	34.17	9.76	5.931
砂岩	s13	25.03	24.31	27.52	11.67	6.856
	s14	25.01	20.82	24.17	9.73	6.280
	s15	25.09	24.45	28.08	11.87	7.030
	s1-1	25.35	4.94	5.51	14.32	—
	s1-2	25.44	4.16	4.48	12.79	—
	s1-3	25.48	4.03	4.47	13.14	—
	s1-4	25.32	4.11	4.73	11.21	—
	s1-5	25.31	4.08	4.38	13.52	—
	s1-6	25.38	4.19	4.68	10.33	—

续表

岩性	编号	直径/mm	长度/mm	干重/g	孔隙度/%	渗透率/mD
砂岩	s1-7	24.96	4.59	4.98	11.64	—
	s1-9	24.94	4.08	4.55	13.17	—
	s1-10	25.04	4.88	5.27	9.71	—
	s1-11	25.05	4.61	5.10	10.52	—
页岩	y2	25.42	44.38	56.42	0.81	—
	y3	25.41	43.46	54.99	1.50	—
	y5	25.50	44.39	56.62	1.45	—
	y7	25.46	44.18	56.25	1.37	—
	y8	25.37	43.87	55.62	1.39	—
	y9	25.39	44.41	56.23	2.04	—
	y10	25.50	43.99	55.70	2.66	—
	y12	25.41	44.33	56.35	3.31	—
	y19	25.42	44.78	57.01	4.64	—
	y20	25.41	44.28	56.27	2.44	—
	y2-1	25.41	4.55	5.52	1.21	—
	y3-1	25.39	5.08	6.24	1.96	—
	y5-1	25.41	4.51	5.39	1.85	—
	y7-1	25.43	4.52	5.62	1.74	—
	y8-1	25.44	4.85	6.1	1.80	—
	y9-1	25.38	4.58	5.61	2.54	—
	y10-1	25.4	4.94	6.16	3.10	—
	y12-1	25.44	4.59	5.46	3.82	—
	y19-1	25.4	4.03	4.88	5.12	—
	y20-1	25.4	4.56	5.51	2.96	—

3. 介电实验数据处理

在岩石扫频介电实验中，由于仪器和环境等多种因素的影响，会引入一些系统误差，导致测量出来的扫频曲线出现噪声毛刺，不平滑。为了消除这种系统误差，需要对曲线进行平滑处理。当前介电频散模型的种类较多，主要有以下几种。

1)德拜模型

德拜模型(Debye model)是一种描述介质介电性质的经典物理模型。它基于分子极化的假设，认为在电场的作用下，介质中的极化分子会产生瞬时电偶极矩，而这些电偶极矩会随机地改变方向，形成一种复杂的瞬时极化现象。这些瞬时极化会导致介质中出现极化电荷，从而产生介电常数。德拜模型假设极化分子在介电作用下会出现两种不同的极化现象：定向极化和取向极化。基于对这两种极化现象的统计热力学分析，推导出了介电常数与介质极化分子浓度、电场频率和温度之间的关系，其等效电路如图 3.16 所示。

德拜模型是一种比较简单的物理模型，适用于介电常数与电场频率之间的关系分析，可以对各种介质的介电性质进行描述，其公式为

$$\varepsilon^*(\omega) = \varepsilon_\infty + \frac{\varepsilon_s - \varepsilon_\infty}{1 + i\omega\tau} \tag{3.6}$$

式中，ε^* 为电介质的复介电常数；ε_s 为频率为 0 时的介电常数；ε_∞ 为频率为无穷大时的介电常数；τ 为弛豫时间常数；i 为虚数单位。

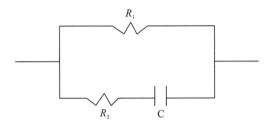

图 3.16　德拜模型等效电路图

2）Cole-Cole（科尔-科尔）模型

Cole-Cole 模型是描述介电材料复介电常数频率响应的经典模型之一，该模型最早由 Cole 和 Cole 在 1941 年提出，被广泛应用于介电研究中。该模型假设介电材料中存在分布式的极化现象，即介电材料中的极化强度不是一个确定值，而是在一定范围内分布的。一阶 Cole-Cole 模型等效电路如图 3.17 所示。

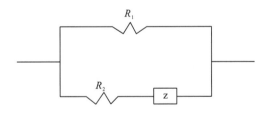

图 3.17　Cole-Cole 模型等效电路图

其一阶公式是将德拜方程中的 ω 和 τ 消掉后得

$$\left(\varepsilon' - \frac{\varepsilon_s - \varepsilon_\infty}{2}\right)^2 + (\varepsilon'')^2 = \left(\frac{\varepsilon_s - \varepsilon_\infty}{2}\right)^2 \tag{3.7}$$

3）幂函数模型（普适模型）

$$\begin{cases} \varepsilon' = a + b\omega^{-n} \\ \varepsilon'' = c + d\omega^{-m} \end{cases} \tag{3.8}$$

式中，a、b、c、d、m、n 为常数。

不同模型适用条件不同，结合本实验选取幂函数模型对扫频介电数据进行处理。以岩心为例，模型拟合对比结果如图 3.18 所示，浅色曲线为实测的原始数据，深色曲线为幂

函数拟合数据，可以看出拟合程度较好，曲线平滑，吻合度较高。

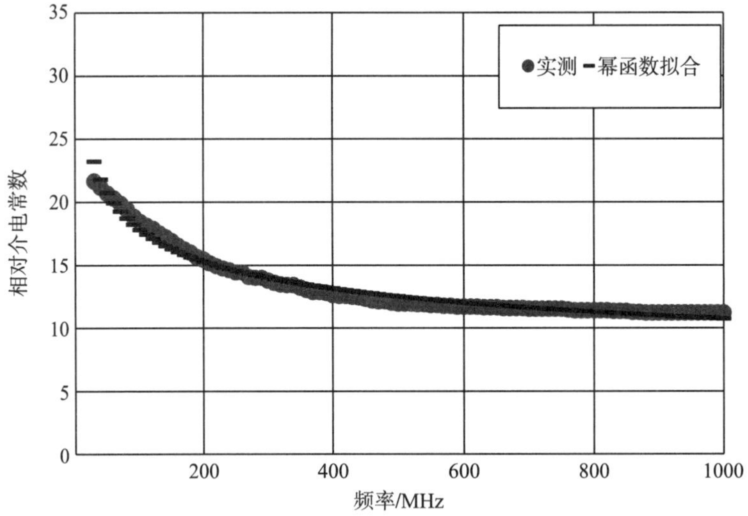

图 3.18　实测数据与拟合数据对比

3.6.3　岩石介电模型

1. 复折射率模型

复折射率模型(complex refractive index model，CRIM)是一维层状介电模型，由斯伦贝谢公司的 Wharton 等在 1.1GHz 的电磁波传播测井数据的处理解释中提出。CRIM 基于经典的麦克斯韦-加内特(Maxwell-Garnett)理论和蒙特卡罗(Monte Carlo)方法，考虑了水和岩石之间的束缚水和自由水的存在，同时也考虑了岩石孔隙度、骨架电导率和介电常数等因素的影响。通过扫频介电测井资料可以定量评价含水饱和度，具有很好的适用性和准确性。原始公式如式(3.9)所示：

$$\sqrt[m]{\varepsilon_{\text{eff}}} = \sum_{j=1}^{n} V_j \sqrt[m]{\varepsilon_j} \tag{3.9}$$

式中，V_j 为第 j 相介质的体积分数；ε_j 为第 j 相介质的介电常数。

当 $m=1$ 时，是体积模型；当 $m=2$ 时，即为 CRIM，如式(3.10)所示：

$$\sqrt{\varepsilon} = \phi S_{\text{w}} \sqrt{\varepsilon_{\text{w}}} + (1-\phi)\sqrt{\varepsilon_{\text{ma}}} + \phi(1-S_{\text{w}})\sqrt{\varepsilon_{\text{h}}} \tag{3.10}$$

式中，ε_{w} 为水的介电常数；ε_{ma} 为岩石骨架的介电常数；ε_{h} 为油气的介电常数；ϕ 为岩心孔隙度(%)；S_{w} 为含水饱和度(%)。

2. Maxwell-Garnett(M-G)模型

M-G 模型是基于 Maxwell-Garnett 理论提出的，该理论是将包含均匀分布颗粒的介电材料视为一种等效介质。M-G 模型假设岩石骨架是由椭球形颗粒组成的，其中孔隙空间充满了水。该模型考虑颗粒的几何形状和介电性质，以及水和岩石骨架之间的相互作用，其假设岩石骨架由椭球形颗粒组成，颗粒分为两种类型，一种是含水颗粒，另一种是不含水颗粒，它们具有不同的介电常数。通过计算这些颗粒的几何参数，以及不同类型颗粒的体积分数，可以计算出岩石的等效介电常数。M-G 模型如式 (3.11) 所示：

$$\varepsilon_{\mathrm{mg}} = \varepsilon_{\mathrm{cri}} + \frac{\dfrac{1}{3}\sum_{j=1}^{n}V_j\left(\varepsilon_j - \varepsilon_{\mathrm{cri}}\right)\sum_{k=1}^{3}\dfrac{\varepsilon_{\mathrm{cri}}}{\varepsilon_{\mathrm{cri}} + n_j^k\left(\varepsilon_j - \varepsilon_{\mathrm{cri}}\right)}}{1 - \dfrac{1}{3}\sum_{j=1}^{n}V_j\left(\varepsilon_j - \varepsilon_{\mathrm{cri}}\right)\sum_{k=1}^{3}\dfrac{n_j^k}{\varepsilon_{\mathrm{cri}} + n_j^k\left(\varepsilon_j - \varepsilon_{\mathrm{cri}}\right)}} \tag{3.11}$$

式中，$\varepsilon_{\mathrm{cri}}$ 为根据 CRIM 计算的介电常数；n_j^k 为第 j 相介质在 k 方向上的退极化因子。

3. 其他模型

对介质内部的组成成分进行体积加权平均，与 CRIM 类似的如下。

Rother 模型：

$$\varepsilon^L = \left(1-\phi\right)\varepsilon_{\mathrm{ma}}^L + \phi S_{\mathrm{w}}\varepsilon_{\mathrm{w}}^L + \phi\left(1-S_{\mathrm{w}}\right)\varepsilon_{\mathrm{h}}^L \tag{3.12}$$

INV 模型：

$$\varepsilon^{-1} = \left(1-\phi\right)\varepsilon_{\mathrm{ma}}^{-1} + \phi S_{\mathrm{w}}\varepsilon_{\mathrm{w}}^{-1} + \phi\left(1-S_{\mathrm{w}}\right)\varepsilon_{\mathrm{h}}^{-1} \tag{3.13}$$

Lauge 模型：

$$\varepsilon = \left(1-\phi\right)\varepsilon_{\mathrm{ma}} + \phi S_{\mathrm{w}}\varepsilon_{\mathrm{w}} + \phi\left(1-S_{\mathrm{w}}\right)\varepsilon_{\mathrm{h}} \tag{3.14}$$

Looyenga 模型：

$$\sqrt[3]{\varepsilon} = \left(1-\phi\right)\sqrt[3]{\varepsilon_{\mathrm{ma}}} + \phi S_{\mathrm{w}}\sqrt[3]{\varepsilon_{\mathrm{w}}} + \phi\left(1-S_{\mathrm{w}}\right)\sqrt[3]{\varepsilon_{\mathrm{h}}} \tag{3.15}$$

由式 (3.12)～式 (3.15) 及式 (3.10) 可以看出，其他公式均是式 (3.12) 中 L 取不同数值的特例，L 的大小取决于岩心中颗粒的大小、形状和分布形式等，对于介电测井，L 一般取值范围为 0～2。

Lichtenecker 模型：

$$\ln \varepsilon = \left(1-\phi\right)\ln \varepsilon_{\mathrm{ma}} + \phi S_{\mathrm{w}}\ln \varepsilon_{\mathrm{w}} + \phi\left(1-S_{\mathrm{w}}\right)\ln \varepsilon_{\mathrm{h}} \tag{3.16}$$

Pascal 模型：

$$\varepsilon = \frac{\left(1-\phi\right)\varepsilon_{\mathrm{ma}} + \lambda\phi S_{\mathrm{w}}}{1 - (1-\lambda)\phi} \tag{3.17}$$

考虑更多的是介质内最小颗粒形状的模型，如下。

Bottcher 模型：

$$\frac{\varepsilon - \varepsilon_{\mathrm{ma}}}{3\varepsilon} = \phi\frac{\varepsilon_{\mathrm{w}} - \varepsilon_{\mathrm{ma}}}{\varepsilon_{\mathrm{w}} + 2\varepsilon} \tag{3.18}$$

Rayleigh 模型：

$$\frac{\varepsilon - \varepsilon_{\mathrm{ma}}}{\varepsilon + 2\varepsilon_{\mathrm{ma}}} = \phi\frac{\varepsilon_{\mathrm{w}} - \varepsilon_{\mathrm{ma}}}{\varepsilon_{\mathrm{w}} + 2\varepsilon} \tag{3.19}$$

HBS 模型：

$$\phi = \left(\frac{\varepsilon_{\mathrm{w}}}{\varepsilon}\right)^L\left(\frac{\varepsilon_{\mathrm{ma}} - \varepsilon}{\varepsilon_{\mathrm{w}} - \varepsilon_{\mathrm{ma}}}\right) \tag{3.20}$$

Sen 模型：Sen 认为当 $L=1/3$ 时，能够很好地描述岩石介电常数和孔隙度的关系，即如式(3.21)所示：

$$\phi = \sqrt[3]{\frac{\varepsilon_w}{\varepsilon}} \left(\frac{\varepsilon_{ma} - \varepsilon}{\varepsilon_w - \varepsilon_{ma}} \right) \tag{3.21}$$

Bimodal 模型：

$$\phi = \left(\frac{\varepsilon_w}{\varepsilon} \right)^{L_1} \left(\frac{\varepsilon - \varepsilon_{ma}}{\varepsilon_w - \varepsilon_{ma}} \right)^{L_2} \left(\frac{\varepsilon_w + A\varepsilon_{ma}}{\varepsilon + A\varepsilon_{ma}} \right)^{L_3} \left(\frac{\varepsilon_w + B\varepsilon_{ma}}{\varepsilon + B\varepsilon_{ma}} \right)^{L_4} \tag{3.22}$$

SHSD 模型：

$$\varepsilon = (\phi + V_{sh})^m \varepsilon_c^* + [1 - (\phi + V_{sh})^m] \varepsilon_{ma} - \varepsilon_{ma} \Gamma \left[(\phi + V_{sh}), m, \frac{\varepsilon_c^*}{\varepsilon_{ma}} \right] \tag{3.23}$$

上式中，V_{sh} 为孔隙中泥质含量(%)；λ 和 L 为常数项变量，其中 λ 为 0~1。

3.7 电泳和电渗析简析

3.7.1 电泳和电渗析

1. 电泳

电泳(electro-phoresis，EP)现象最早是由俄国科学家斐迪南·弗雷德里克·罗伊斯(Ferdinand Frederic Reuss)提出的，到 1936 年，瑞典学者蒂塞利乌斯(A. W. K. Tiselius)设计制造了移动界面电泳仪，由此创建了电泳技术。20 世纪六七十年代，这项技术在医学应用方面得到快速发展。根据电泳是在溶液中还是在固体支持物上进行，分为自由电泳和支持物电泳。所采用的电泳方法大致可分为三类：显微电泳、自由界面电泳和区带电泳，其中区带电泳应用最广泛。

电泳是一种利用电场作用于带电介质而使其移动的技术。在电泳中，电场通过电解质溶液中的电极，使带电介质在电场力的作用下运动，如带电的蛋白质、核酸、碳水化合物等生物分子。使用另外一些不带电的介质作为分离介质，如聚丙烯酰胺凝胶、琼脂糖等。带电介质移动速度的大小和方向与其电荷大小、分子大小、形状、分子量等因素有关。通过调整电场的大小和方向，可以达到最好的分离效果。电泳技术广泛应用于生物分子的分离、纯化和鉴定等方面，如蛋白质电泳、核酸电泳等。

在岩石孔隙中使用电泳技术，通常是利用电泳技术对孔隙中的介质进行分离和鉴定。电泳技术可用于分离岩石孔隙中的生物分子、有机质等。具体操作上，可以将一定数量的样品加入电解质溶液中，再将电极放置在岩石的两端，形成一个电场。样品中的带电介质在电场作用下，沿着电场方向运动，最终在介质中分离出来。由于岩石孔隙中的结构和介质复杂多样，因此在使用电泳技术前，需要对样品进行一定的前处理，如样品的萃取、富集和分离等步骤，以保证分离效果和分离结果的准确性与可靠性。此外，在使用电泳技术进行分离和鉴定时，还需要对电场的大小和方向、介质的选择、电泳时间等参数进行优化和调整，以达到最好的分离效果和分离结果。

在岩石物理学中，可以根据电泳技术，使孔隙流体中带电的介质加速移动，或者改变移动方向，使其与孔隙流体中不带电介质更好地分开。

2. 电渗析

电渗析是一种利用电场作用下的离子迁移来实现溶液分离的技术。在电渗析过程中，带电的离子通过半透膜向电势更低的方向移动，形成两个质量不同的、离子浓度不同的溶液。电渗析最早可以追溯到 1807 年，当时英国化学家 Humphry Davy (H.戴维) 观察到，当通过一对电极和水中溶解的盐连接时，离子将迁移到与电极相反的位置。随后，这个现象被其他科学家进一步研究和发展，最终成为电渗析技术。

电渗析 (electrodialysis, ED) 技术是一种通过电场作用，将溶液中的离子分离出来的技术。该技术最早由美国化学家 J. B. Hannay 在 1949 年发明，并于 20 世纪 50 年代开始商业化应用。1954 年，日本科学家 Sourirajan 和 Matsuura 发明了膜电渗析技术 (membrane electrodialysis)，该技术在水处理领域得到广泛应用。20 世纪 70 年代，欧洲科学家开始开发反渗透膜技术，将电渗析技术与反渗透膜技术结合起来，形成了电渗析反渗透 (electrodialysis reversal, EDR) 技术。

电渗析技术利用带电的离子在电场中的迁移性质，通过膜的选择性、通透性实现离子的分离。在电场作用下，带正电荷的阳离子向负极移动，带负电荷的阴离子则向阳极移动。通过在两个离子交替排列的膜之间加入电场，可将溶液中的离子分离出来，得到纯净的水和富含离子的浓溶液。

电渗析的原理基于电荷迁移和离子扩散的组合。在一个带电场的电解质溶液中，离子会根据其带电性质向相反方向移动，其中带正电荷的离子向负电极方向移动，带负电荷的离子向正电极方向移动。同时，离子也会因为浓度梯度的存在而扩散。通过将这两种运动结合起来，离子可以被迫通过半透膜，从而分离出不同的溶液。

电渗析技术被广泛应用于水处理和化学工业中，以分离水中的杂质和纯化化学品。其他应用包括制备生物制品和制药过程中的溶液纯化，以及海水淡化和废水处理等环境应用。电渗析技术还可以与其他技术结合使用，如逆渗透和超滤等，以提高分离效率和纯度。

电渗析技术在多个领域有着广泛的应用，包括海水淡化、废水处理、生物技术等。海水淡化：电渗析技术是海水淡化的重要技术之一。将海水通过电渗析膜分离出盐分，可以得到淡水。废水处理：电渗析技术可用于废水处理，将废水中的有害离子分离出来，使其达到排放标准。生物技术：电渗析技术可用于生物技术中的离子分离、纯化等方面。

与电泳类似，在岩石物理学中，特别是在泥页岩中，泥页岩具有阳离子交换作用，使其具有一种选择性渗透膜的性质。可以利用电渗析技术，加速流体运移，更好地分离油气和水。

3.7.2　电泳和电渗析的数学描述

电泳和电渗析是两种利用外加电场作用下的离子迁移现象来实现溶液中介质的分离

和提纯的技术。它们都是膜分离技术的一种，但使用的膜和工作原理有所不同。

电泳是指带电颗粒在外加电场作用下，向着与其电性相反的电极移动的现象。电泳可用来测量带电颗粒的迁移率、表面电荷、形状和大小等物理化学性质，也可用来分离不同大小或不同电荷的颗粒，如蛋白质、核酸、细胞等。电泳使用的膜是一种多孔膜，它可以阻止颗粒通过，但允许溶剂和小分子通过。表征电泳的公式如式(3.24)所示：

$$v = \frac{Eq}{f} \tag{3.24}$$

式中，v 为带电粒子的迁移速度；E 为外加电场强度；q 为颗粒的净电荷；f 为颗粒受到的摩擦力。

电渗析是指在外加直流电场作用下，利用离子交换膜的选择透过性，使溶液中的阳离子和阴离子分别向阳极和阴极移动，从而实现溶液的淡化、浓缩、精制或纯化的目的。电渗析使用的膜是一种导电膜，即阳离子交换膜和阴离子交换膜。阳离子交换膜只允许阳离子通过，而阴离子交换膜只允许阴离子通过。

考虑交换膜的一个邻近区域，设为体积 dV 的区域，如图 3.19 所示，其电荷体密度为 ρ_q，薄膜处的场强为 E，孔隙压力为 P，带电粒子将在电场强度 E 和孔隙压力 P 的共同作用下运动。如果是泥页岩地层，由于双电层的阳离子交换，将会形成 Zeta 电势，因此在 dV 区域，通过的渗透膜的带电离子 Q，可以建立渗透膜离子通量方程：

$$Q = F \int \frac{1}{R} \left[\rho_q (\Delta U + \xi) + P \right] \mathrm{d}V \tag{3.25}$$

式中，Q 为离子通量；F 为法拉第常数；R 为渗透膜的阻抗；ρ_q 为交换膜两侧的平均电荷体密度；ΔU 为两侧溶液间的电势差；ξ 为 Zeta 电势；P 为两侧溶液间的压力。

需要说明的是，由于非均质性，式(3.25)中，阻抗 R、电荷体密度 ρ_q 都将成为空间变量，即体积的函数，即 $R=R(x,y,z)$，$\rho_q = \rho_q(x,y,z)$。

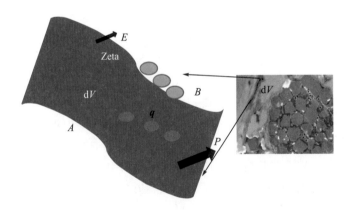

图 3.19　微纳空间电渗析作用下渗透膜的电通量

A,B 表示渗透膜的两侧，红色小球表示阳离子，绿色小球表示阴离子，P 表示流体压差或孔隙压差，V 表示渗透膜体积，

q 表示在体积 V 内的电荷数，E 表示此处的电场强度，Zeta 表示双电层的电势

3.7.3　岩石中电泳和电渗析的数学描述

地层中的电泳和电渗析是指在地层水流动或人为注入外加电场时，在岩石孔隙中发生的离子迁移现象。这些现象会影响地层中水质、岩石性质、油气运移等。地层中的电泳和电渗析受到多种因素的影响，如岩石孔隙结构、孔隙流体组成、温度、压力、pH 等。地层中的电泳和电渗析可以用式(3.26)与式(3.27)描述：

$$\nabla \cdot \left(\sigma \nabla U \right) = 0 \tag{3.26}$$

$$\frac{\partial c}{\partial t} + \nabla \cdot \left(cv - D\nabla c - F\frac{qcD\nabla U}{RT} \right) = 0 \tag{3.27}$$

式中，c 为离子的浓度；v 为孔隙流体的流速；D 为扩散系数；q 为离子的电荷数。

一般情况下，地层流体中都有多种阴阳离子，则式(3.27)改写如下：

$$\frac{\partial c_i}{\partial t} + \nabla \cdot \left(c_i v - D_i \nabla c_i - F\frac{q_i c_i D_i \nabla U}{RT} \right) = 0 \tag{3.28}$$

第4章　岩石孔隙中流体粒子力学分析

本章主要介绍微纳孔隙介质各种作用力，包括分子间的多种作用力、毛管力，以及外加电磁场作用后孔隙介质中流体受到的电磁场力、双电层中的 Zeta 电势力等。宏观上来讲，还存在着地应力，地应力对孔隙流体在地层中的运移，也起着主要作用。

4.1　微纳孔中的分子力与运动

页岩中的甲烷 CH_4 与母岩分子之间存在着较强的范德瓦耳斯力，这是一种分子力，是一种物理吸附。除这种物理吸附力之外，对于页岩中其他粒子，还存在着取向力和诱导力。当外加电场存在时，就会产生库仑力。这些力的共同作用，决定了页岩中 CH_4、H_2O、C_nH_m 等分子和 Na^+、Cl^- 等阴阳离子的运动规律。本节将详细讨论这些分子力的作用机理和页岩中分子、离子的运动规律。

分子力本质上是电磁场力。甲烷和页岩之间的吸附为物理吸附，属于分子力的范畴，包括三种主要的力，即色散力、取向力和诱导力。

4.1.1　分子力

分子间作用力又称为范德瓦耳斯力，是指存在于中性分子或原子之间的一种弱的电性吸引力，它决定了介质的状态、性质和相变。范德瓦耳斯力比化学键能小 1 至 2 个数量级，一般小于 40kJ/mol。

分子间作用力有三个主要来源：极性分子的永久偶极矩之间的相互作用，一个极性分子使另一个分子极化产生诱导偶极矩并相互吸引，以及分子中电子的运动产生瞬时偶极矩并相互吸引。这三种作用力统称为范德瓦耳斯力，是荷兰物理学家约翰内斯·范德瓦耳斯（Johannes Diderik Van der Waals）在 1873 年提出的。范德瓦耳斯力可以进一步细分为色散力、诱导力和取向力，它们之间的比例大小取决于相互作用分子的极性和变形性。

分子间作用力的大小和范围与分子的结构、性质和环境有关，一般来说，分子间作用力越大，分子间距离越小，介质越稳定。分子间作用力的范围通常在几纳米以内，远远小于化学键的范围。分子间作用力的大小也受到温度、压力、介质等因素的影响。分子间作用力的大小可以通过测量介质的沸点、熔点、表面张力、黏度、溶解度等物理性质来推算。

考虑一个电荷数为 Z 的离子与偶极矩为 p 的偶极子之间的相互作用，类比于库仑力，其作用力可写为

$$F(r) = \frac{Zp\cos\theta}{r^2} \tag{4.1}$$

式中，θ 为离子-偶极矩的向量角，r 为离子与偶极矩的距离。

若介质中偶极矩取向满足玻尔兹曼(Boltzmann)分布，则相互作用力的热力学平均为

$$F(r) = \frac{\int_0^\pi F(r,\theta)e^{-\frac{F(r,\theta)}{kT}}\sin\theta d\theta}{\int_0^\pi e^{-\frac{F(r,\theta)}{kT}}\sin\theta d\theta} = -\frac{Z^4 p^2}{3kTr^4} \tag{4.2}$$

上式也是对一维量子谐振子的振动作用的描述，实际三维空间的谐振子的振动，其作用力的热力学均值与距离的 6 次方成反比。

本质上，范德瓦耳斯力起源于零点能不可忽略的电磁场的自发涨落。除了带电粒子-偶极的相互作用，还有偶极-偶极相互作用、偶极-诱导偶极相互作用、诱导偶极-诱导偶极相互作用，这些力统称为范德瓦耳斯力。分子间作用力的大小和范围取决于分子或原子的结构、极性、大小、形状、温度等因素。有多种方法测量分子间作用力，最常用的是基于光谱学或热力学的实验技术，如红外光谱、核磁共振、拉曼光谱、微量热量计等。下面对这几种分子力做简要分析。

1. 色散力

色散力(dispersion force)是由于分子中电子的运动产生的瞬时偶极矩之间的电性引力，也称为伦敦力(London force)，德国物理学家弗里茨·伦敦(Fritz London)在 1930 年首先对此进行了研究，发现色散力是由于原子和分子的零点振动极化其邻近分子，这个极化效应与偶极矩的平方成正比。色散力是范德瓦耳斯力中最弱但最普遍的一种，它存在于所有类型的分子或原子之间，包括惰性气体。色散力与相互作用分子的变形性有关，变形性越大(一般分子量越大，变形性越大)，色散力越大。色散力也与相互作用分子的电离能有关，电离能越低(分子内所含的电子数越多)，色散力越大。色散力 F_d 的大小可由下式计算：

$$F_d = -\frac{3}{4}\frac{\chi_1\chi_2 I}{r^6} \tag{4.3}$$

式中，F_d 为色散力；χ_1 和 χ_2 为两个分子或原子的极化率(polarizability)；r 为极性分子的几何中心到非极性分子的几何中心的空间距离；I 为分子对应的电离能(ionization energy)，水的电离能 I 等于 12.6，甲烷的电离能等于 13.0，二氧化碳的电离能等于 13.7，一氧化碳的电离能等于 14.1。

对于甲烷这类非极性分子，其结构稳定，总体不产生极性，这是从统计平均来讲的，把其归为非极性分子。但 H 原子是最活跃的原子，使得非极性分子在任何一个瞬间，其负电中心与正电中心都不重合，仍然存在着偶极矩。把这类非极性分子瞬间产生的电偶极矩，称为瞬间偶极矩，由这些瞬间偶极矩之间形成的相互作用力，即为色散力。

色散力主要发生在非极性分子之间。干酪根主要由 C、H、O 等和少量 N、S 元素组

成，一种典型的分子式为 $C_{100}H_{102}O_{24}N_2S$。甲烷是非极性对称性分子，分子尺度上的偶极矩为零，但存在局部瞬时偶极矩。甲烷与干酪根之间不存在静电力，但甲烷与干酪根之间会产生色散力。由于干酪根分子量较大，其极化率也较大，因此甲烷受到干酪根的色散力也较大。

2. 取向力

取向力(orientation force)是极性分子的固有偶极矩之间的电性引力，是两个极性分子相互接近时发生相对转动而使偶极距最小化，并产生静电吸引作用。取向力也称为偶极-偶极相互作用(dipole-dipole interaction)，是由物理学家 W. H. Keesom 在 1912 年提出来的，他指出，如水分子一样，取向力是这类极性分子的偶极矩之间产生的吸引力。取向力只存在于极性分子之间，它比色散力强一些，但随着温度的升高而减弱，因为分子的热运动会破坏偶极矩的取向。取向力 F_o 可由下式计算：

$$F_o = -\frac{1}{4\pi\epsilon_0}\frac{\mu_1\mu_2}{r^3}\left(1 - 3\cos^2\theta\right) \tag{4.4}$$

式中，F_o 为取向力；μ_1 和 μ_2 为两个极性分子的固有偶极矩；r 为两个分子中心之间的距离；θ 为偶极矩向量角；ϵ_0 为真空介电常数。

实际上，通常所说的水分子 H_2O 并不是以单个的 H_2O 存在的，而是以缔合水分子的形式存在的，即 $(H_2O)_n$ 的形式，n 的值主要受水的温度控制，在 1atm(1atm=101.325kPa) 和 40℃的条件下，n 的平均值为 40。此外，水分子还会以 H_3O^+ 的形式存在，使得水溶液既表现出极性，又表现出电性，使得水溶液的取向力更强。

3. 诱导力

诱导力(induction force)是一个极性分子使另一个非极性分子或原子极化，产生诱导偶极矩并相互吸引的电性引力，也称为偶极-诱导相互作用(dipole-induced interaction)。1920年，法国物理学家德拜对其进行了研究。诱导力存在于极性和非极性微粒之间，它比取向力弱一些，但比色散力强一些。这是由于极性分子偶极所产生的电场对非极性分子或其他极性分子产生影响，使其电子云变形并产生诱导偶极矩，并与固有偶极相互吸引。诱导力 F_i 可由下式计算：

$$F_i = -\frac{1}{4\pi\epsilon_0}\frac{\chi\mu^2}{r^6} \tag{4.5}$$

式中，F_i 为诱导力；χ 为非极性分子或原子的极化率。

诱导力存在于极性和非极性微粒之间，它对于解释一些介质的溶解度、折射率、色散等性质有重要作用。诱导力(F_i)一直为负值，说明诱导力为吸引力，诱导力与分子的大小、电子层结构和极化率有关。

色散力是存在于一切分子之间的作用力，所以色散力是范德瓦耳斯力中最主要的作用力。只有当分子的偶极矩很大时，取向力和诱导力才显得尤为重要。诱导力在范德瓦耳斯力中占据的比重最小，主要原因在于诱导力不仅存在于不同分子之间，还存在同一分子内部不同原子之间，诱导力的结合能比化学键能小 1~2 个数量级。对相同类型分子来说，

分子力之和 (F_m) 可以简化为

$$F_m = F_d + F_o + F_i = -\frac{1}{r^6}\left(\frac{3}{4}\chi^2 I + \frac{2\mu^4}{3k_B T} + 2\chi\mu^2\right) \tag{4.6}$$

式中，k_B 为玻尔兹曼常数。

以水分子为例，其取向力为 36.359kJ/mol，诱导力为 1.925kJ/mol，色散力为 8.996kJ/mol，范德瓦耳斯力为 47.28kJ/mol，极化率为 $1.48\times10^{24}cm^3$，偶极矩为 1.84D，电离能为 1737kJ/mol。

对比以上三种分子力，色散力普遍存在于非极性分子、极性分子以及偶极子之间，极性和非极性分子之间存在诱导力和色散力，极性分子之间则存在取向力、诱导力和色散力，而在非极性分子间只存在色散力。

4. 氢键

1) 氢键的形成

氢是一种很特殊的元素，H^+ 没有电子层，是一个裸露的原子核，所以 H 质子的电荷中心比一般离子更容易靠近邻近的原子或离子。原子核外有电子层的一般离子的尺度在 10^{-10}m 数量级。质子的大小在 10^{-15}m 左右，即 fm 级。氢原子核的特殊结构使得它往往与周围环境有很强的相互作用，在溶液中更易溶剂化。

作为一种典型的弱相互作用力，氢键相互作用发生于强电负性的氢原子与邻近极性官能团中电负性较大的原子之间，其中参与相互作用的氢原子被称为质子给予体，而相互作用中另一侧的电负性较大的原子被称为质子接受体。当氢原子与另一个电负性较大的原子通过共价键的形式结合后，吸引周围原子的外层电子，使得氢原子以类似 H^+ 的结构吸引其他原子身上的孤对电子。因此，氢原子在两个原子之间形成的类似于共价键的结构即为氢键。

2) 氢键的主要特征

氢键是由美国化学家约瑟夫·梅耶尔(Joseph Edward Mayer)和美国物理学家罗伯特·桑德森·米勒(Robert Sanderson Mulliken)在 1939 年提出并命名的。氢键是一种特殊的分子间作用力，液体分子间广泛存在着氢键作用，它是由电负性大的原子(如 F、O、N)与氢原子形成的极性共价键，使得氢原子具有部分正电荷，从而能够与另一个电负性大的原子形成的非共享电子对相吸引，产生一种静电作用。氢键的形成机理可用量子力学理论来解释，即氢原子的 1s 轨道与两个电负性大的原子的轨道之间发生轨道杂化，形成一个新的轨道，这个轨道上有两个电子，其中一个属于氢原子，另一个属于另一个电负性大的原子。这样，氢原子就处于两个电负性大的原子之间，形成了一个三中心四电子键。

C—H 键和 H—O 键都是由共价键形成的，也就是说，它们是由两个原子共享一对电子而形成的。C—H 键是碳和氢之间的单键，H—O 键是氢和氧之间的单键。它们的键长和键能如表 4.1 所示。

表 4.1 C—H—O 键长与键能

化学键	键长/pm	键能/(kJ/mol)
C—H	109	414
H—O	98	464
C—C	154	332
C—O	143	326

可以看出，H—O 键比 C—H 键更短，也更强。这是因为氧的电负性比碳大，所以它对电子的吸引力更强，使得键更紧密。电负性也影响了这两种键的电离能力，也就是说，它们失去一个电子形成正离子所需的能量。一般来说，电离能力与键能有一定的关系，但不是必然的对应关系。电离能力还取决于产物的稳定性，也就是说，原子结合一个电子形成负离子所释放的能量。例如，O—H 键比 C—H 键更容易电离，因为 O— 比 C— 更稳定，所以反应所需的热就少了。

概括地说，氢键的主要特征有以下几点：

(1) 氢键具有方向性，即氢键最稳定时，两个电负性大的原子和氢原子在同一条直线上。要减小两个电负性较大的原子之间的排斥力，键角必须接近 180°。

(2) 氢键具有饱和性，即每个氢原子只能与一个电负性大的原子形成一个氢键，这是由于氢原子的原子半径比较小，当其与电负性较大的原子接近之后，就不能再接近其他电负性大的原子。

(3) 氢键具有强度差异，氢键强度的一般顺序为：F—H⋯F>O—H⋯O>O—H⋯N>N—H⋯N。

(4) 氢键具有长度差异，氢键长度的一般顺序为：F—H⋯F<O—H⋯O<O—H⋯N<N—H⋯N。

3) 氢离子的特殊结构

实际上，自由状态的氢原子核只存在于极稀薄的气体、等离子体或同步加速器等几种特殊环境情况中。我们通常遇到的氢原子核都是与其他一些分子，如 O_2、H_2O、NH_3 等通过氢键结合，以 OH^-、H_3O^+、NH_4^+ 等复合离子形式存在的。

根据几何形状和所处环境的不同，氢键的自由能为 4~20kJ/mol。因此，氢键是一种很强的特殊分子间作用力，比范德瓦耳斯力更强，但比共价键或离子键稍弱。形成 H^+ 所需的电离能约为 1314kJ/mol，该值远大于其他元素形成一价离子的电离能，如 Li 形成 Li^+ 的电离能为 520kJ/mol，Cs 形成 Cs^+ 的电离能为 378kJ/mol。这说明氢原子核与电子间有很强的作用力。H^+ 极易与周围其他原子的外层电子发生静电吸引而形成氢键。

在孤立的水分子中，存在两个氢原子和一个氧原子，使得两个水分子之间可以形成一个典型的分子间氢键，通常称为水的二聚体。当存在多个水分子时，一个水分子可以与其他水分子产生多个氢键，从而形成团簇结构。又因为一个氧原子会产生两个孤对电子，而每个孤对电子均可以和另外的水分子中的氢原子形成氢键，因此一个水分子最多可以形成四个氢键，如图 4.1 所示。氢键网络的存在使得水与其他没有氢键作用的液体相比，具有高沸点、高熔点以及较好的黏合度等特点。在水溶液中，一个水分子最多可以形成四个氢键，从而形成团簇结构。

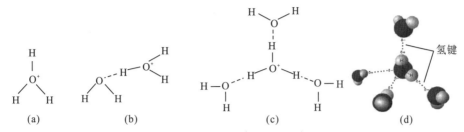

图 4.1　氢离子的溶剂化 (a) H_3O^+、(b) $H_5O_2^+$、(c) $H_9O_4^+$、(d) 水分子的四面体结构

H^+ 与 H_2O 中的 O 通过氢键结合，形成水合氢离子 H_3O^+。然而，在水溶液中 H^+ 是否只以 H_3O^+ 一种形式存在呢？质子总的水合能为 1117kJ/mol，大于质子与一个水分子结合的能量 714kJ/mol。这说明 H^+ 可能与不止一个水分子发生相互作用，或者说，H^+ 与一个 H_2O 分子形成的 H_3O^+ 还可能进一步与邻近的水分子结合，形成 $H_5O_2^+$ 甚至更大的团簇，即 $[H_3O^+(H_2O)_n]$（n 为自然数）。

4）氢键与范德瓦耳斯力的区别

氢键是一种静电作用，是除范德瓦耳斯力外的另一种分子间作用力，氢键的大小介于化学键与范德瓦耳斯力间，是一种特殊的范德瓦耳斯力。它发生在氢原子与氮、氧或氟原子所形成的共价键中，因为这些原子具有较高的电负性和较小的半径，使得氢原子呈现出较强的正电荷，并与另一个含有氮、氧或氟原子的分子中的孤对电子形成较强的吸引力。氢键是范德瓦耳斯力中最强的一种，它使得水、DNA、蛋白质等具有特殊的结构和功能。氢键可由下式计算：

$$F_H = -\frac{1}{4\pi\epsilon_0}\frac{\mu_H\mu_X}{r^3}\left(1-3\cos^2\theta\right) \tag{4.7}$$

式中，F_H 为氢键；μ_H 为氢原子与氮、氧或氟原子之间的偶极矩；μ_X 为另一个含有氮、氧或氟原子的分子的偶极矩。

5. 卤键

卤键是卤素原子（氟、氯、溴、碘）与另一个含有电子供体的分子或原子之间的电性吸引力，卤素原子具有较强的电负性，但由于它们的半径较大，它们的最外层价电子轨道具有一定的空间延展性，使得它们可以与电子供体形成一种类似于氢键的相互作用。卤键是由意大利化学家皮耶兰杰洛·梅特兰戈洛（Pierangelo Metrangolo）和朱塞佩·雷斯纳蒂（Giuseppe Resnati）在 1998 年提出并命名的。卤键存在于许多有机、无机和生物分子中，在分子识别、自组装和材料设计等领域有重要的应用。卤键可由下式计算：

$$F_X = -\frac{1}{4\pi\epsilon_0}\frac{\sigma_X\sigma_D}{r^4}\left(1-4\cos^2\theta\right) \tag{4.8}$$

其中，F_X 是卤键；σ_X 是卤素原子的电四极矩；σ_D 是电子供体的电四极矩。

6. 亲金作用

亲金作用(aurophilicity)是金原子或金离子之间的电性吸引力，金原子或金离子具有较弱的金属键，但由于它们的 d 轨道和 s 轨道之间的相对论效应，它们可以与另一个金原子或金离子形成一种类似于范德瓦耳斯力的相互作用。亲金作用是由美国化学家弗雷德里克·霍索恩(Frederick Hawthorne)在 1974 年提出并命名的。亲金作用存在于许多含金配合物和纳米粒子中。其大小可由下式计算：

$$F_A = -\frac{C_6}{r^6} \tag{4.9}$$

式中，F_A 为亲金作用；C_6 为一个与金原子或金离子的性质有关的常数；r 为两个分子中心之间的距离。

7. 甲烷分子受力

当一个分子靠近另一个分子时，它的行为会受到分子间吸引力和排斥力的强烈影响。页岩空隙中的甲烷分子同时受到其他甲烷分子以及孔壁分子的作用。因此页岩孔隙中，甲烷分子中的色散力占主导地位，色散力和相互作用分子的变形有关，一般分子量越大，变形性越大，色散力越大，色散力还与电离势有关。分子内所含的电子数越多，分子的电离势能越低，色散力越大。可见，色散力取决于矿物成分及其分子量的大小。页岩有机质三种类型的干酪根都由碳、氢、氧组成，同族分子的偶极相近，分子量增加，导致磁化率增加，从而色散力增加，吸附能力加强。孔隙中气体分子受到壁面分子的影响与孔隙大小有关。孔隙越小，壁面分子对甲烷分子的作用力越大。

4.1.2 分子的运动

分子的运动包括平动、转动和振动，还有外层电子的运动。核外电子动能 E_e 远大于分子振动能量 E_v 和分子转动能量 E_r。

1. 平动

分子的平动是其在空间中随机地改变位置，内部原子的相对位置不发生变化。分子的转动和分子内原子的各种振动称为分子内部运动，这种内部运动不但不会破坏分子的固有特性，而且还决定分子的能量、热力学性质和光谱特征。分子作为一个整体，在三个自由度(X-Y-Z 坐标方向)进行运动。对于整个分子而言，相互独立的平动的数量只有 3 个，即上下、左右和前后。平动能不具有量子性。

在孔隙中，流体分子的平动速度很小，属于非相对论性粒子，则分子的三维空间的平均动能 $\langle E_k \rangle$ 符合下列方程式：

$$\langle E_k \rangle \geqslant 4\pi \left(\frac{m}{2\pi kT}\right)^{\frac{3}{2}} \int_0^\infty e^{-\frac{mv^2}{2k_B T}} v^2 \left(\frac{1}{2}mv^2\right) dv = \frac{3}{2}k_B T \tag{4.10}$$

式中，m 为流体分子的质量；v 为流体分子的平均平动速度。从上面的计算可知，流体分子平动的动能取决于流体分子的绝对温度。

2. 转动

分子的转动是指分子绕着自身的对称轴或非对称轴旋转，产生角动量。分子的转动能量是量子化的，即只能取一些离散的值，这些值由转动量子数 J 决定。转动能量的公式为

$$E_r = hcB_e J(J+1) \tag{4.11}$$

其中，h 是普朗克常数；c 是光速；B_e 是转动常数。分子的转动能级之间的距离很小，通常在微波或红外光谱中可以观察到。

分子作为一个整体，绕着其质心旋转。转动也只有三种独立的形式，直线型的分子则只有两种独立的转动模式。分子的转动能量取决于转动惯量，转动能量仅为电子能量的万分之一，一般转动的能级对应着微波段，转动能具有量子性。

3. 振动

分子振动指的是组成分子的不同原子之间的相对运动，同时包括原子相对于一个平衡位置的往复运动。分子的振动包括两种类型：伸缩振动和弯曲振动。其中，伸缩振动是指原子间的距离沿键轴方向的周期性变化，一般出现在高波数区。弯曲振动是指具有一个共有原子的两个化学键键角的变化，弯曲振动一般出现在低波数区。

伸缩振动包括对称性和非对称性两种，如图 4.2 所示；弯曲振动又分为面外摇摆、面外扭曲、面内剪式弯曲和面内摇摆四种，如图 4.3 所示。

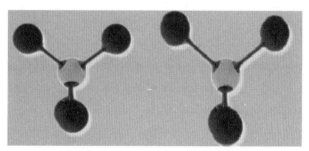

(a) 对称性振动　　　　　　　(b) 非对称性振动

图 4.2　分子的伸缩振动模式

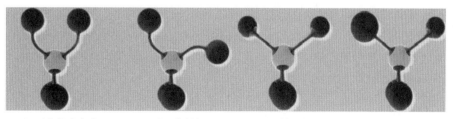

(a) 面内剪式弯曲　　(b) 面内摇摆　　(c) 面外摇摆　　(d) 面外扭曲

图 4.3　分子的弯曲振动模式

根据振动理论，线性分子的振动自由度是 $3N\text{-}5$，非线性分子的振动自由度是 $3N\text{-}6$，其中 N 为原子数。例如 H_2O 总共有 3 个振动自由度，CH_4 总共有 9 个振动模式。每个分子都有一定数目的简正振动，每个简正振动都有一定的对称性，都可以作为分子所属点群的不可约表示的基，且每个简正振动都有其特定的振动频率。所谓简正振动是指这样一种振动状态，其分子质心保持不变，整体不转动，每个原子都在平衡位置附近作简谐振动，振动频率和位相相同，即每个原子都同时经过自己的平衡位置，都同时到达各自的最大位置。

分子的振动会产生振动频率和振动能量，分子的振动能量也是量子化的，即只能取一些离散的值，这些值由振动量子数 V 决定。振动能量的公式为

$$E_V = hc\omega_e\left(V + \frac{1}{2}\right) \tag{4.12}$$

式中，ω_e 为振动频率常数。分子的振动能级差比转动能级差大得多，通常在红外或可见光谱中可以观察到。

分子的振动与平移、转动相比复杂得多，常表现为无规则的、非周期的内部运动，其实，这些似乎无序的分子振动是许多相对简单的振动叠加的结果，任何一个复杂的分子振动可以分解成一定数目的基本振动，每个基本振动称为简正振动，或称正则振动。

分子的转动和振动是相互耦合的，即分子的转动会影响分子的振动，反之亦然。这种耦合会导致分子的能级发生进一步的分裂，形成转-振耦合能级。转-振耦合能级的公式为

$$E_{JV} = hc\left[B_e J(J+1) + \omega_e\left(V + \frac{1}{2}\right) - \alpha_e J(J+1)\left(V + \frac{1}{2}\right)\right] \tag{4.13}$$

式中，α_e 为转-振耦合常数。分子的转-振耦合能级之间的跃迁会产生带状的光谱，称为转-振光谱。

4. 分子的动能

不同的振动形式有不同的振动频率，在光谱上的位置也不同，也就产生不同的共振光谱，以此来分辨入射光谱属于哪种基团或者分子。入射光的频率如果恰好等于两个能级之间的频率差，则使这两个能级之间的跃迁增强，引起光谱强度增大。在拉曼散射中，当激发光频率与待测分子的某个电子吸收峰频率接近或重合时，由于电子跃迁和分子振动的耦合，这一分子的某一个或几个特征拉曼谱带强度陡然增加，产生共振拉曼散射效应。与常规拉曼光谱相比，共振拉曼光谱具有更高的灵敏度和选择性。

分子的转动能、振动能和电子能是量子化的，具有离散的能级。

电子振动光谱就是电子振动能级跃迁所产生的光谱。电子能级的能量差在 $1\sim20\text{eV}$，振动能级的能量差在 $10^{-2}\sim1\text{eV}$，转动能级的能量差在 $10^{-6}\sim10^{-3}\text{eV}$，电子的振动能级跃迁时经常同时包含转动能级跃迁，所以我们测量到的振动光谱实际上是振动-转动光谱，比如红外吸收光谱和拉曼光谱。

5. 电子跃迁

电子跃迁指的是价电子或内层电子在不同能级之间的跃迁，处于激发态的电子或者价电子在键连着的原子之间运动，电子通过向外辐射光子的形式降低自身能量再返回基态。

所发射的光子能量等于两个电子轨道的能级差。电子的跃迁对应着可见光和紫外波段。电子跃迁表现为不同的线状谱线特性，非常复杂。电子的辐射有两种类型，即自发辐射和受激辐射。

简单地说，电子跃迁主要有三种轨道：σ，π，n。如果形成的是单键，则为 1 个 σ 键；若是双键，则为 1 个 σ 键，1 个 π 键；若是三键，则为 1 个 σ 键，2 个 π 键。形成 σ 键和 π 键的电子就叫 σ 键电子和 π 键电子。而 n 键电子是杂原子(O、S、N、X)的孤对电子。

电子跃迁就是指电子从能级较低的轨道(σ、π、n)跃迁到能级较高的轨道(σ*、π*)上。对于羰基，它具有双键，即 σ 键和 π 键电子，因为有氧原子，所以也存在 n 键电子。对于饱和烃，电子的跃迁是，σ→σ*；烯烃的跃迁是：σ→σ*，π→π*；脂肪醚则是：σ→σ*，n→σ*。对于具有多种官能团的有机物，例如，最典型的就是含有双键的醚，如 $CH_2=CHOCH_3$，σ→σ*，π→π*，n→σ*，是不含 n→π* 的。

4.1.3　分子运动的光谱特征

当介质被一束红外光线辐射时，只要红外光的能量与能级跃迁的能量匹配，在分子内部就可以产生振动或转动跃迁，从而产生红外吸收。红外光谱是由分子振动和转动产生的，其振动和转动的幅度与频率及其分子结构相关，凡是能产生电偶极矩变化的分子都能够产生红外吸收。除单原子分子以及单核分子以外，几乎所有的分子均具有红外特征吸收。介质对红外光的吸收频率、吸收强度及吸收峰数与这类介质的分子结构有关，因此可用来测定介质的分子结构和化学基团。

分子平动、振动和转动，只要发生了能级跃迁，就会产生特征光谱。图 4.4 是分子不同类型的运动对应的光谱范围。

辐射区段	X射线	紫外	可见光	中红外	微波	无线电波
波长范围	0.01～10nm	200～400nm	400～760nm	2.5～50μm	3mm～30cm	60cm～300m
跃迁类型	内层电子	外层价电子		振转能级	分子转动能级	核自旋能级
光谱类型		电子光谱		分子光谱		核磁共振光谱
波　　长	小					大
频　　率	大					小

图 4.4　分子或电子运动与光谱的关系图

1. 电子光谱

当分子由一个电子态向另一个电子态跃迁时，产生电子光谱，电子光谱一般出现在可见光和紫外区域。分子的电子光谱是由若干带系组成的，每一个带系相应于一对电子能级的跃迁。带系中的各个带相应于同对电子能级但不同对振动能级间的跃迁，而每个带中的谱线则相应于同对电子能级且同对振动能级但不同对转动能级的跃迁。一般分子在电子能级间的能级差最大，为 1～20eV。

2. 转动光谱

当分子处于固定的电子态和固定的振动态而发生转动态之间的跃迁时，或者说是在确定的电子能级和振动能级中发生转动能级间的辐射跃迁，此时产生转动光谱，转动光谱出现在远红外至微波区域，其波数范围是 400～10cm^{-1}，分子转动能级间的能量差最低，为 10^{-6}～10^{-3}eV。转动光谱由分立的谱线构成，相应于成对转动能级间的跃迁。

3. 振动光谱

当分子处于固定的电子态而发生振动态间的辐射跃迁时，或者说是分子在确定的电子能级中发生振动能级间的辐射跃迁，此时产生振动光谱。振动光谱一般出现在近红外至远红外区。振动光谱由若干谱带组成，相应于不同振动态间的辐射跃迁，每一谱带又由一系列振转谱线组成，相应于同对振动能级但不同对转动能级的跃迁。分子的振动能级间的能量差为 0.01～1eV，比转动能级间能量差大约 100 倍。振转跃迁的波数范围为 4～40m^{-1}，通常称为振动-转动光谱，包括近红外和中远红外区域。

4. 分子光谱的特征

红外光谱反映的是分子的对称和非对称的伸缩振动、弯曲或剪式振动、伞状振动等，对应于振动基态到振动激发态之间的能级跃迁。当红外光的频率与分子的振动频率或者说振动能级相等，即能级差相等时，则产生共振。因此可用此红外光的频率来反推对应的振动模式的频率。

分子振动的能量对应着红外波段。红外光谱对分子结构变化高度敏感，分子结构的细微不同都可以体现在这部分光谱上，可用于分子的精准识别与浓度探测。中红外的振动基频吸收谱线特征明显，有很好的光谱分辨性与选择性。中红外谱线强度相比于近红外的泛频吸收高 1～2 个数量级。不同红外光谱范围对应的分子振动类型大致划分如下。

倍频吸收：发生在近红外区，其波数是 13158～4000cm^{-1}。主要是 O—H、N—H 及 C—H 键的能级跃迁时的倍频吸收。

分子振动：发生在中红外区，其波数是 4000～400cm^{-1}。

C—H 单键的伸缩振动峰：波数是 3000cm^{-1} 左右。

C=O 双键的伸缩振动峰：波数是 1750cm^{-1} 左右。

C—H 单键的弯曲振动峰：波数是 1380cm^{-1} 左右。

C—C 和 C—O 的不对称伸缩振动峰：波数是 1270cm^{-1} 左右。

C—C 和 C—O 的对称伸缩振动峰：波数是 1050cm^{-1} 左右。

实际的分子光谱是很复杂的，谱带之间、带系之间可以互相重叠交叉，谱线亦有更精细的结构等，不同的辐射跃迁有时又可以互相重叠交叉，出现混合现象。同时发生振动和转动跃迁的光谱通常称为振动-转动光谱，光谱范围从近红外至中红外区域。一般分子发生电子能级跃迁的同时，振动能级和转动能级跃迁也会发生。每个电子跃迁对应的谱带中包含了不同振动能级间的辐射跃迁，而每个不同振动能级间的辐射跃迁又包含了不同转动能级的辐射跃迁。

4.2　微纳孔毛管力特征

微纳米孔隙对于页岩气的运移和储存具有决定性作用。毛管力是指由于液体与固体之间的相互作用而产生的表面张力。在微纳米孔隙中，液体与固体之间的接触面积较大，表面张力会显著增强，从而导致毛管力显著增强，进而影响液体的分布、渗透性和相行为。微纳米孔隙中的毛管力是影响天然气运移和储存的重要因素之一。

4.2.1　毛管力对页岩流体运移的影响

毛管力的本质是界面张力的合力，界面上处处存在界面张力，若界面是水平的，则界面张力的合力为 0，表现不出毛管力。若界面弯曲，合力就不为 0 了。

毛管力可以使液体在管道中上升或下降，也可以使液体在管道中形成不同的形态。毛管力的大小和方向取决于液体的表面张力、固液接触角、管道的直径和形状等因素。毛管力对于页岩气的运移和储存的影响主要表现在以下几个方面：

首先，是对页岩气的储存状态的影响。页岩气主要以吸附态或游离态存在于微纳米孔隙中，而毛管力会影响页岩气的吸附量和游离气含量。一方面，毛管力会使孔隙中的压力增加，从而增加页岩气的吸附量；另一方面，毛管力会使孔隙中的游离气被排挤或压缩，从而减少游离气含量。

其次，是对页岩气的渗透性的影响。页岩气的渗透性与孔隙结构、流体性质、压力、温度等因素有关。毛管力会影响页岩层的有效孔隙度和孔喉尺寸，从而影响页岩气的渗透性。一般来说，毛管力会使孔隙中的液体充填或阻塞部分孔隙和孔喉，从而降低页岩层的有效孔隙度和孔喉尺寸，进而降低页岩气的渗透性。因此，毛管力会限制页岩气的流动能力。

最后，是对页岩气的相行为的影响。页岩气的相行为是指天然气在不同温度、压力和组成条件下的物理状态和相变过程，它与流体性质、相平衡、相平衡常数等因素有关。毛管力会影响页岩层中天然气的相平衡和相平衡常数，从而影响页岩气的相行为。一般来说，毛管力会使孔隙中天然气的饱和压力降低，从而使天然气更容易发生凝析或液化；同时，毛管力也会使孔隙中天然气的临界温度和临界压力降低，从而使天然气更容易发生超临界或亚临界状态。因此，毛管力会改变页岩气的物理状态和相变过程。

4.2.2　页岩中微纳米孔隙中毛管力的变化规律

页岩中微纳米孔隙中的毛管力是由液体的表面张力和接触角决定的，它们又与温度、压力、孔径、孔形、流体组成等因素有关。因此，要研究页岩中微纳米孔隙中的毛管力的变化规律，就需要考虑这些因素的影响。

孔径是影响毛管力最直接和最重要的因素，孔径影响液体在孔隙中的分布和形态。一般来说，孔径越小，液体在孔隙中越容易形成弯曲或分散的形态，从而使液体与固体之间的接触面积增大，进而使毛管力增强。孔形是影响毛管力的另一个重要因素，一般来说，孔形越复杂，液体与固体之间的接触面积越大，毛管力越强；反之，毛管力越弱。因此，毛管力与孔隙结构的复杂程度成正比。流体组成越复杂，液体的表面张力和接触角越难以确定，从而使毛管力越难以预测。温度升高会使液体的表面张力降低，毛管力减小；与此同时，温度升高又会使润湿角增大，毛管力增大。因此，温度对于毛管力的影响是复杂的，需要根据具体的情况进行判断。一般来说，压力升高会使液体的表面张力增加，毛管力增大，而使润湿角减小，毛管力减小。研究表明，在低压下，压力对于毛管力的影响主要取决于接触角的变化，而在高压下，压力对于毛管力的影响主要取决于表面张力的变化。

4.3　泥岩地层中 Zeta 电势

泥岩具有较高的孔隙度和比表面积，其孔隙内充满了不同类型和浓度的离子溶液，如水、盐水、酸性溶液等。在这种条件下，泥岩颗粒表面会形成一层带电的双电层，由双电层形成的电位称为 Zeta 电势。

Zeta 电势是指在受到泥岩颗粒表面影响的由阴阳离子组成的一个较薄的层相对无限远处溶液中某一点的电位差。这个层是指在带电颗粒表面附近存在的一个界面，该界面内的溶液与颗粒一起运动，而该界面外的溶液则可以自由流动。带负电的颗粒表面会吸引周围的正离子，在颗粒表面形成一层紧密吸附的斯特恩层，斯特恩层外还有一层扩散分布的反离子层，两者共同构成了双电层，如图 4.5 所示。Zeta 电势反映双电层内部的净电荷分布。

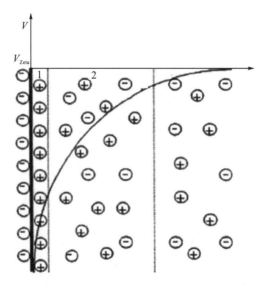

图 4.5　固-液界面双电层模型与 Zeta 电势

1 是指斯特恩(Stern)层；2 是指扩散层

　　Zeta 电势是影响泥岩地层中流体流动、颗粒迁移、渗透率变化等重要物理过程的关键因素。例如，在水力压裂作业中，高压水或其他液体会注入泥岩裂缝中，造成泥岩颗粒的电荷平衡被打破，从而改变 Zeta 电势，进而影响裂缝的稳定性和渗透性。在酸化作业中，酸性溶液会与泥岩颗粒发生化学反应，导致泥岩颗粒的电荷性质发生变化，从而改变 Zeta 电势，进而影响泥岩的溶解和迁移。在水驱油作业中，不同类型和浓度的盐水会与泥岩颗粒发生离子交换，导致泥岩颗粒的电荷密度发生变化，从而改变 Zeta 电势，进而影响油水相对渗透率。

　　因此，研究泥岩地层中 Zeta 电势力的产生机理、主要特征、变化规律、物理意义和主要应用，对于深入理解和优化泥岩地层的开发利用具有重要的理论和实践意义。

4.3.1　泥岩颗粒表面带电的原因

　　泥岩颗粒表面由于阳离子交换的作用，通常是带电的，具体来讲，是由离子解离、离子吸附和泥岩颗粒本身结构所导致的。

　　(1)离子解离。泥岩颗粒表面存在一些可解离的官能团，如羟基、羧基、硫酸基等，当这些官能团与溶液中的水分子或其他离子发生解离时，就会在颗粒表面产生正或负的电荷。例如，当 pH 低于某一临界值时，羟基会解离出质子，使颗粒表面带正电；当 pH 高于某一临界值时，羧基会解离出负离子，使颗粒表面带负电。

　　(2)离子吸附。泥岩颗粒表面存在一些可吸附溶液中离子的位点，如阳离子交换位点、阴离子交换位点等，当这些位点与溶液中的离子发生吸附时，就会在颗粒表面产生正或负的电荷。例如，当溶液中存在钠离子时，阳离子交换位点会吸附钠离子，使颗粒表面带正电；当溶液中存在氯离子时，阴离子交换位点会吸附氯离子，使颗粒表面带负电。

　　(3)结构不对称。泥岩颗粒表面存在一些结构不对称的区域，如边缘位、断裂位等，这些区域晶格结构的不完整或不平衡，导致了原子或分子之间的不均匀分布，从而在颗粒表面产生正、负电荷。

4.3.2　双电层形成条件

　　虽然泥岩颗粒表面带电，但要形成双电层，黏土矿物所处的环境也还要满足一定的条件。首先，需要适量的水，没有水作为溶剂，双电层显然是无法形成的。其次，水中还要溶解有适量阴、阳离子，一般来说，溶液中的离子浓度不低于 10^{-4}mol/L，对大多数地层水来讲，其矿化度都大于这一下限值。再次，黏土矿物颗粒表面与溶液之间存在足够的接触面积，当颗粒表面与溶液之间的接触面积不低于 10^{-6}m^2 时，黏土颗粒的比表面通常都很大，因此，这一条件是满足的。最后还要指出，颗粒表面与溶液之间存在足够的相互作用力，这个力属于电磁力，尽管这个力很微弱，但是，在微纳米尺度，对于形成双电层依然是必须的。理论估算，如果颗粒表面与溶液之间的相互作用力低于 10^{-9}N 时，双电层的形成会受到一定的限制。

4.3.3　Zeta 电势的形成

由于吸附层和扩散层的存在，当流体饱和孔隙介质两端存在压差时，将在孔道中形成一个与溶液流动方向相反的电场，并形成传导电流。孔隙介质在压力梯度作用下产生电场的现象，称为流动电势现象，并由此产生了一种电动势，称为 Zeta 电势，记为 ζ。

根据麦克斯韦方程可知：

$$\frac{\mathrm{d}\zeta^2}{\mathrm{d}z^2} = -\frac{\rho_{fe}}{\varepsilon} \tag{4.14}$$

式中，ε 为流体的介电常数；ρ_{fe} 为双电层流体电荷密度；z 为孔隙长轴方向。

Pride(1994)根据液体和固体各自服从的基本物理原理，提出了描述孔隙介质动电现象的弹性-电磁耦合理论，如式(4.15)所示：

$$\zeta = -\frac{\eta}{\varepsilon\left(\sigma_{\mathrm{w}} + \dfrac{2\Sigma_{\mathrm{s}}}{R_{\mathrm{c}}}\right)\Delta p\Delta\phi} \tag{4.15}$$

式中，η 为溶液黏度系数；σ_{w} 为孔道内溶液的电导率；R_{c} 为孔道半径；Σ_{s} 为表面电导；$\Delta\phi$ 为流动电势；Δp 为孔道两端压差。

Pride(1994)还建立了 Zeta 电势与孔隙流体矿化度的一种关系，如式(4.16)所示：

$$\zeta = a + b\lg C_{\mathrm{w}} \tag{4.16}$$

式中，a，b 为拟合系数；C_{w} 为地层水矿化度。这是一个与矿化度有关的经验关系，需要实验测试确定相关系数。

根据不同的测量或计算方法，Zeta 电势一般为 $-100\sim100\mathrm{mV}$，具体数值取决于泥岩颗粒和溶液的性质、结构、浓度、温度、压力等因素。

4.4　电磁波与分子相互作用分析

4.4.1　岩石孔隙中的分子运动

1. 电磁场中分子运动

分子与电磁波的作用主要体现在，当电磁波的频率与分子的转动和振动频率接近时，分子就会从电磁场中吸收最多的能量，并发生跃迁。在地层孔隙环境中，水分子、甲烷分子以及烃类大分子对外加电磁波吸收谱线的强度、频率以及线宽等谱线参数反映相应分子在其内能作用下，分子内部运动状态，以及环境温度、压力的变化。

分子受到电磁波作用，或者激光照射后，将由基态向激发态过渡，吸收特定频率的光子，这一现象被称为受激辐射跃迁。由于分子内部体系存在诸多不同的能级，因此对光子的吸收频率也不一样。根据波恩理论(Born theory)，分子吸收的光子跃迁表达式为

$$\Delta E = h\nu = E_r + E_v + E_e \tag{4.17}$$

式中，ΔE 为能级差；E_r 为分子转动能；E_v 为分子振动能；E_e 为外场电子的动能；$h\nu$ 为吸收光子的能量。

这个能量由三部分组成，对应的分子光谱就包括转动光谱、振动光谱和电子光谱，如图 4.6 所示。

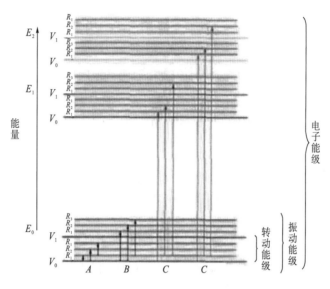

图 4.6　辐射吸收与能级关系图

A-转动能；B-转动-转动能；C-含有转动-转动能的电子能

如前所述，原子或分子在交变的电磁场中将被极化，会感生出一个电偶极矩 P。负正电荷的中心将向着场两个相反方向各移动一个很小的距离 d，即分子被极化了，产生了一个偶极矩 P：

$$P = \alpha E \tag{4.18}$$

式中，P 为电偶极矩；α 为极化率。

如果有一频率为 ω_0 的光波投射在原子或分子上，就有一个变化的电场：

$$E = E_0 \cos(2\pi\omega_0 t) \tag{4.19}$$

整理后得

$$P = \alpha E_0 \cos(2\pi\omega_0 t) \tag{4.20}$$

这个是感生出的一个变化着的偶极矩，而此偶极矩又引起光的反射，反射光的频率和入射光的相同。这样就产生了所谓的瑞利散射，它是折射现象和丁达尔效应的起因。当入射光为可见光和紫外线时，实质上只有电子在此交变电场的影响下运动并产生出偶极矩，因为原子核跟不上这样迅速的振动。如果核间距改变，则极化率也必定改变，极化率是与分子相对于外场的取向有关的。因此，极化率的改变是和分子的振动与转动相关联的。对于振动，在很好的一级近似下，可用泰勒级数展开：

$$\alpha = \alpha_0 + \left(\frac{\partial \alpha}{\partial Q}\right)_0 Q + O(\alpha) \tag{4.21}$$

式中，Q 为简正坐标，相当于振动位移坐标；α_0 为分子在平衡位置的极化率；$\left(\dfrac{\partial \alpha}{\partial Q}\right)_0$ 为平衡位置极化率在简正坐标系的变化率；$O(\alpha)$ 为极化率的高次项，由于高次项相当于倍频和组频，强度很弱，可以忽略。

Q 是时间的函数，在谐振子近似下可得到关系式：

$$Q = Q_0 \cos(2\pi \omega_v t) \tag{4.22}$$

把式(4.21)、式(4.22)代入式(4.20)，并整理后可得

$$P = \alpha_0 E_0 \cos(2\pi \omega_0 t) + \frac{1}{2}\left(\frac{\partial \alpha}{\partial Q}\right)_0 E_0 Q_0 \left[\cos 2\pi(\omega_0 + \omega_v)t + \cos 2\pi(\omega_0 - \omega_v)t\right] \tag{4.23}$$

由经典电动力学理论知，一个振动的偶极子发射的辐射强度 I 为

$$I = \frac{16\pi^4 v^4}{3c^3} P^2 \tag{4.24}$$

合并式(4.23)与式(4.24)，可得

$$I = \frac{16\pi^4 v^4}{3c^3}\left\{\alpha_0 E_0 \cos(2\pi \omega_0 t) + \frac{1}{2}\left(\frac{\partial \alpha}{\partial Q}\right)_0 E_0 Q_0 \left[\cos 2\pi(\omega_0 + \omega_v)t + \cos 2\pi(\omega_0 - \omega_v)t\right]\right\}^2 \tag{4.25}$$

式(4.25)中，右边第一项代表频率不改变的瑞利散射，第二、三项代表改变频率的拉曼散射。其中高频($\omega_0 + \omega_v$)为反斯托克斯线，低频($\omega_0 - \omega_v$)为斯托克斯线。由此可以看出，瑞利散射的强度只与分子的极化率有关，而拉曼散射的强度与分子极化率随简正坐标的变化有关，如图 4.7 所示。

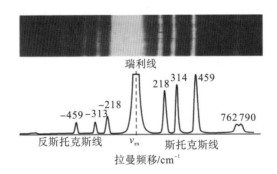

图 4.7 红外吸收与拉曼光谱

(引自谷开慧，2007)

上述经典的波动方程能够很好地解释分子振动的拉曼散射，但是在定量方面还存在不足之处。按照式(4.25)，斯托克斯线和反斯托克斯线的强度应该彼此相等，但是实验证实这一理论结果并不正确。实验结果是反斯托克斯线比斯托克斯线的强度弱几个数量级。

当介质质点的大小远远小于入射光的波长时，通常会发生散射现象。瑞利散射与拉曼散射的强度都与入射光频率的四次方成正比。瑞利散射光没有波长的变化，而拉曼散射光

则存在波长的变化，这些现象从经典理论来说，可以看作入射光的电磁波使原子或分子电极化以后所产生的。因为原子和分子都是可以极化的，因而产生瑞利散射；又因为极化率又随着分子内部的运动(转动、振动等)而变化，所以产生拉曼散射。

光子和分子之间的作用也可以从能级之间的跃迁来分析。样品分子处于电子能级和振动能级的基态，入射光子的能量远大于振动能级跃迁所需要的能量，又不足以将分子激发到电子激发态，分子吸收光子后到达一种准激发态，又称为虚能态。分子在准激发态是不稳定的，将很快回到电子能级的基态。若分子回到电子的振动基态，光子的能量未发生改变，则发生瑞利散射；如果分子回到电子的振动激发态，则散射的光子能量小于入射光子的能量，波长大于入射光的波长，散射光谱的瑞利散射谱线低频侧出现一系列谱线，称为斯托克斯线；如果分子在与入射光子作用时不是处于电子基态的最低振动能级，而是处于电子基态的振动激发态，则入射光使之跃迁到准激发态后，分子退激发回到电子基态的振动基态，这样散射光能量大于入射光子能量，其谱线位于瑞利谱线的高频侧，称为反斯托克斯线。斯托克斯线和反斯托克斯线对称的位于瑞利谱线的两侧。斯托克斯线和反斯托克斯线统称为拉曼谱线。由于振动能级间距还是比较大的，根据玻尔兹曼分布定律，在室温下，激发态或者更高的非简并能态的布居数为基态布居数的百分之一，绝大多数分子处于振动基态，所以斯托克斯谱线的强度远大于反斯托克斯线。

综上所述，电磁场作用下分子运动产生的光谱变化规律和特征可以归纳为以下几点：

(1)电磁场会使分子的转动、振动和电子能级发生分裂，从而导致分子的光谱发生分裂。分子的光谱分裂的间隔与电磁场的强度成正比，且与电磁场的方向有关。

(2)分子的光谱分裂的机理是电磁场通过改变分子中电子和原子核的运动状态、相对位置、偶极矩或极化率来实现对分子能量的改变，并产生与电磁场的频率相同或相近的特征谱线。

(3)分子的光谱分裂的类型有塞曼效应、斯托克斯效应和拉曼效应，分别对应转动光谱、振动光谱和电子光谱的变化。

(4)分子的光谱分裂的观测方法有吸收光谱、发射光谱和散射光谱，分别对应分子从电磁场中吸收能量、向电磁场中释放能量和与电磁场中的光子发生碰撞的过程。

2. 拉曼散射的量子解释

拉曼散射的量子理论的基本观点是：把拉曼散射看作光量子与分子相碰撞时产生的非弹性碰撞过程。当能量为 $h v_0$ 的入射光量子与分子相碰撞时可以发生两种情形：一种是入射光量子发生弹性碰撞的散射，此时光量子的能量以及频率保持不变也就是瑞利散射；另一种是入射光量子发生非弹性散射，此时入射光量子或者把它的一部分能量交给散射系统，或者从散射系统取得能量，从而使它的频率发生改变。它取自或给予散射分子的能量只能是分子两定态之间的差值，$\Delta E = E_1 - E_2$。当光量子把一部分能量交给分子时，光量子则以较小的频率散射出去。散射分子接受的能量转变成为分子的振动或转动能量，从而处于激发态 E_1。这时光量子的频率为

$$v' = v_0 - \Delta v \tag{4.26}$$

$$h\Delta v = \Delta E \tag{4.27}$$

当分子处于振动或转动的激发态 E_1 时，光量子从散射分子中获得了能量 ΔE（振动或转动能量），以更大的频率散射，其频率为

$$v'' = v_0 + \Delta v \tag{4.28}$$

这样则可以解释斯托克斯线和反斯托克斯线的产生。如果考虑到更多的能级上分子的散射，则可产生更多的斯托克斯线和反斯托克斯线，当这些能级的间隔互不相等时，所产生的各散射线相对于入射谱线的频率移动也不相同。

4.4.2 水分子的运动与光谱特征

室温下水分子有两种排布方式，一是有序的四面体，二是无序密排。实验表明，水分子常见的排布方式是低密度的有序相团簇随机分布在高密度的无序相中，水分子之间通过氢键连接，其中的氢氧键键角是由杂化轨道理论决定的，水分子只会在 104.5° 附近振动。

水分子是一个非线性的极性分子，有的也称为非对称陀螺分子。它有 3 个原子，因此水分子的运动有 9 个自由度，包括 3 个平动自由度、3 个旋转自由度、3 个振动自由度。3 个振动为 O—H 键的对称伸缩振动、O—H 键的非对称伸缩振动和 H—O—H 键的弯曲振动，即前面所说的剪式振动。每种振动模式都有一个特定的振动频率，可用红外光谱或拉曼光谱来测量。实际上，水的局域结构包含各种不同的氢键结构，因为不同氢键结构的水分子具有不同的振动光谱，在红外光谱中有吸收峰，氢键的缔合作用，在 3300cm^{-1} 形成了一个谷，而且谷形较宽，与其他羟基峰接近，会造成一定的干扰，所以分析其他样品时，要尽可能除水。而在 1630cm^{-1} 左右的谷，则是由于 O—H 键面内剪式弯曲振动引起的谷形较窄。水分子有三种基本的振动模式：对称伸缩振动、非对称伸缩振动和弯曲振动，如图 4.8 所示。下面对水分子的三种振动模式和光谱特征进行分析。

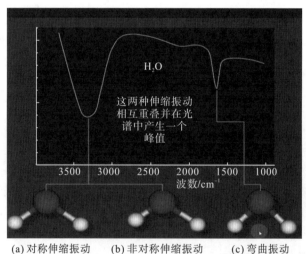

图 4.8 水分子的三种基本振动模式

(1)转动能级是由于水分子围绕其质心的转动而产生的，转动能级的间隔很小，一般在微波和远红外区域。水分子的转动能级受到振动能级的影响，因此每个振动能级下都有一系列的转动能级，称为转动精细结构。转动能级跃迁必须满足选择定则：$\Delta J=\pm 1$，其中J是转动量子数。

(2)振动能级是由于水分子的原子间的相对运动而产生的，振动能级的间隔较大，一般在近红外和红外区域。水分子的振动能级受到电子能级的影响，因此每个电子能级下都有一系列的振动能级。振动能级跃迁必须满足选择定则：$\Delta V=\pm 1$，其中V是振动量子数。

(3)电子能级是由于水分子的电子云的变化而产生的，电子能级的间隔最大，一般在紫外和可见光区域。水分子的电子能级主要由其价电子的排列方式决定，水分子的价电子有两对孤对电子和四个成键电子。电子能级跃迁必须满足选择定则：$\Delta s=0$，$\Delta l=0$、± 1，$\Delta \Lambda=0$、± 1。其中s是自旋量子数，l是轨道角动量量子数，Λ是轨道角动量在分子轴方向的投影量子数。

水分子光谱具有丰富的结构，这一结构反映水分子的能级分布和跃迁规律，水分子光谱的吸收反映水分子与电磁波的相互作用强度和频率依赖性。水分子光谱在不同的波段有不同的特征：

(1)在微波区域，水分子光谱主要表现为转动光谱，其特征是有规律的吸收线，吸收线的位置和强度与水分子的转动能级和偶极矩有关。

(2)在远红外区域，水分子光谱主要表现为转动-振动光谱，其特征是有一系列的吸收带，吸收带的位置和强度与水分子的转动-振动能级和偶极矩有关。

(3)在近红外和红外区域，水分子光谱主要表现为振动光谱，其特征是有三个强烈的吸收带，分别对应于水分子的三种基本振动模式，吸收带的位置和强度与水分子的振动能级和偶极矩有关。

(4)在紫外和可见光区域，水分子光谱主要表现为电子光谱，是由电子跃迁引起的，其特征是有一些宽泛的吸收带，吸收带的位置和强度与水分子的电子能级和电偶极矩有关。

水分子的振动频率与其结构、化学键强度、电荷分布和环境等因素有关。水分子的红外光谱吸收带，分别是对称伸缩振动(约 $3756cm^{-1}$)、非对称伸缩振动(约 $3657cm^{-1}$)和弯曲振动(约 $1595cm^{-1}$)。水分子的两种主要拉曼散射带，分别是对称伸缩振动(约 $3652cm^{-1}$)和弯曲振动(约 $1642cm^{-1}$)。振动光谱包括红外吸收光谱和拉曼散射光谱，红外吸收光谱来自分子的偶极矩跃迁，拉曼光谱来自分子的极化率改变。水分子的 X 射线吸收光谱图显示了水分子在气态、冰表面、液体、固体冰形态下的 X 射线吸收谱特征。

水分子振动的本征频率大于所有可见光的频率，所以在可见光波段，光的频率越高，越接近水的本征频率，因而与水分子的共振就越强。水分子的本征频率为 2450MHz，人体体液的本征频率是 80Hz，普通自来水是 120Hz，地层水是 105Hz。水在可见光频段的极化率大约是 $\chi_e=0.77$，$\varepsilon_r=1.77$，折射率 $n=1.33$。

对于分子的近红外光谱需要了解分子的振-转跃迁能级，而要获得分子的振-转能级则需要求解分子运动的波函数(见 5.4 节)，其中最基本的假设是玻恩-奥本海默(Born-Oppenheimer)近似。由于原子核的质量远大于电子的质量，而核运动相比于电子运动可以忽略不计，所以可将原子核运动的波函数和电子运动的波函数做分离变量处理。此外，在考虑分子的振动和旋转能级时，类比原子核运动和电子运动的处理方法，若认为分子的旋转相对振动是十分微小的量，则分子的振动波函数可以与转动波函数分开考虑。

4.4.3 C—H 键的运动与光谱特征

碳氢键的振动是指原子沿着键轴方向或垂直于键轴方向的周期性运动，导致键长或键角的变化。碳氢键的振动可以分为伸缩振动和变形振动两种类型。伸缩振动是指原子沿着键轴方向的振动，导致键长的变化。伸缩振动又可以分为对称伸缩振动和非对称伸缩振动，前者是指原子同时向内或向外振动，后者是指原子交替向内或向外振动。变形振动是指原子垂直于键轴方向的振动，导致键角的变化。变形振动又可以分为面内变形振动和面外变形振动，前者是指原子在一个平面内的振动，后者是指原子在一个平面外的振动。碳氢键的振动频率取决于原子的质量和力常数，一般来说，原子的质量越小，力常数越大，振动频率越高。碳氢键的振动频率一般为 $1300\sim4000\mathrm{cm}^{-1}$，具有较强的红外活性和拉曼活性，可以作为分子结构的特征指标。

碳氢键的转动是指原子围绕键轴的旋转运动，导致键的空间取向的变化。碳氢键的转动可以分为自由转动和受阻转动两种类型。自由转动是指原子在键轴周围的无规则旋转，导致键的空间取向的随机分布。自由转动一般发生在气态或液态分子中，或者是分子中的饱和碳氢键。自由转动的能量较低，一般在 $10\sim100\mathrm{cm}^{-1}$ 的微波区出现，对分子的性质和反应性的影响较小。受阻转动是指原子在键轴周围的有规则旋转，导致键的空间取向的有序分布。受阻转动一般发生在固态分子中，或者是分子中的不饱和碳氢键。受阻转动的能量较高，一般在 $100\sim1000\mathrm{cm}^{-1}$ 的远红外区出现，对分子的性质和反应性的影响较大。碳氢键的转动能级是量子化的，转动跃迁时，$\Delta J=\pm1$，其中 J 是转动量子数。

碳氢键的振动和转动机理与主要特征可以通过理论计算和实验测量来研究，对于理解和控制有机化合物的结构和性能有重要的意义。碳氢键的振动和转动也是碳氢活化的基础，碳氢活化是指通过某种催化剂或反应条件，使碳氢键的键能降低，从而促进碳氢键的断裂和新键的形成，实现有机化合物的功能化和转化。碳氢活化是有机合成和绿色化学的重要领域，具有广阔的应用前景。

C—H 键的分子振动从红外光谱可知，C—H 键伸缩的红外吸收峰位于红外光谱的 $2850\sim3400\mathrm{cm}^{-1}$，在苯环上的 C—H 键伸缩振动峰也在 $3000\mathrm{cm}^{-1}$ 左右的红外光谱范围。C—H 键伸缩振动频率为 $8.544\times10^{13}\sim1.019\times10^{14}\mathrm{Hz}$，也就是 C—H 键差不多每伸缩振动一次需要 $9.81\sim11.74\mathrm{fs}$。

在这里需要说明的是，分子伸缩振动时，连接两端的原子之间电负性相差越大，瞬间偶极矩的变化越大，在伸缩振动时引起红外吸收峰也越强，因此，C—C 的伸缩振动峰比 C—H 的伸缩振动峰强。

甲烷分子为四面体结构如图 4.9 所示，共有 5 个原子，一个 C 原子在中心，四个 H 原子在四面体的四个顶点。甲烷分子的振动频率与其结构、化学键强度、电荷分布和环境等因素有关。一般来说，甲烷分子的 C—H 伸缩频率高于 C—H 弯曲频率，且反对称模式高于对称模式，简并模式之间相等或接近。甲烷分子的 C—H 键伸缩频率范围为 2800～3200cm^{-1}，C—H 键弯曲频率范围为 1000～1500cm^{-1}。

甲烷分子有 9 个振动自由度，即 9 种基本振动模式，根据分子的对称性，所得到的甲烷分子的九种简正振动可归纳成下列四类：

第一类，只有一种振动方式属于对称类 A_1，4 个 H 原子沿与 C 原子的连线方向作伸缩振动，记作 V_1，表示非简并振动。

第二类，有两种振动方式属于对称类 E，相邻两对 H 原子在与 C 原子连线方向上，或在该连线垂直方向上同时作反向运动，记作 V_2，表示二重简并振动。

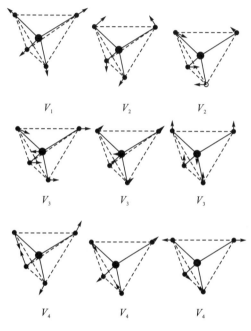

图 4.9　甲烷分子的振动模式

(引自谷开慧，2007)

第三类，有三种振动方式属于对称类 F_2，4 个 H 原子与 1 个 C 原子作反向运动，记作 V_3，表示三重简并振动。

第四类，有三种振动方式同样也属于对称类 F_2，相邻的一对 H 原子作伸张运动，另一对作压缩运动，记作 V_4，表示另一种三重简并振动。

所谓"简并"，是指在同一类振动中，虽然包含不同的振动方式，但具有相同的能量，它们在拉曼光谱中对应同一条谱线。因此，甲烷分子振动拉曼光谱应有 4 个基本谱线。

碳氢键的振动和转动是分子内部的基本运动方式，它们对分子的性质和反应性有重要的影响，也是红外光谱和拉曼光谱的主要来源。

除了上面讨论的甲烷分子以外，1999 年还发现了一种特殊分子，CH_5^+ 分子的存在。显然，这种分子极为罕见(如果不是唯一存在的)，它在常温下几乎没有固定的结构，与甲烷完美的四面体构型完全不同。在常温下，它的 5 个等价的氢原子属于完全自由移动的状态，围绕着中心的碳原子随意转动，它的内转动能垒不到 60K。即分离分子振动和转动运动的玻恩-奥本海默近似对于 CH_5^+ 来说完全失效。虽然科学家在 20 世纪 50 年代就在质谱中确认了 CH_5^+ 的存在，但直到 1999 年，它的振转光谱才由芝加哥大学的冈武史(Takeshi Oka)团队测得。他们把反应装置冷却到液氮温度(77 K)，即使如此，测得的光谱也是非常复杂。图 4.10 显示的是−200℃下的 CH_5^+ 光谱和 CH_4 光谱的对比。

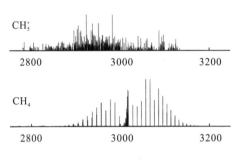

图 4.10　CH_4 与 CH_5^+ 的谱线对比

4.4.4　C—C 键的振动

　　C—C 键的振动模式是指碳原子之间的化学键在电磁波的作用下产生的周期性的相对运动。C—C 键的振动模式可以分为伸缩振动和弯曲振动两大类。伸缩振动是指 C—C 键的长度在平衡位置附近变化的振动，弯曲振动是指 C—C 键的夹角在平衡位置附近变化的振动。C—C 键的振动模式可以通过红外光谱和拉曼光谱来观测和分析。

　　红外光谱是利用分子对红外线的吸收来测定分子的振动能级的光谱。只有当分子的振动导致分子偶极矩变化时，才能产生红外吸收。C—C 键的伸缩振动一般在 $2100\sim2300\text{cm}^{-1}$ 的波数范围内产生红外吸收，强度与分子的对称性有关。C—C 键的弯曲振动一般在 $600\sim1400\text{cm}^{-1}$ 的波数范围内产生红外吸收，谱带比较复杂，具有指纹区的特征。

　　拉曼光谱是利用分子对入射光的非弹性散射来测定分子的振动能级的光谱。只有当分子的振动导致分子极化率变化时，才能产生拉曼散射。C—C 键的伸缩振动在拉曼光谱中一般是强谱带，弯曲振动一般是弱谱带。C—C 键的拉曼散射光与入射光的频率差称为拉曼位移，是表征分子振转能级的特征物理量。C—C 键的振动模式可以反映分子的结构和性质，是有机化合物波谱分析的重要依据。通过红外光谱和拉曼光谱的比较，可以更好地识别和区分 C—C 键的振动模式。

4.4.5　NaCl 分子的振动

　　氯化钠分子(NaCl)是一个线性的离子晶体，它由正负离子交替排列组成。氯化钠晶体中的每个离子都受到周围六个相邻离子的吸引或排斥力，形成一个稳定的立方晶格结构。氯化钠晶体中的离子可以在晶格中做不同方向和幅度的微小振动，这些振动可用晶格振动理论来描述。晶格振动理论将晶体中的离子视为连在一起的弹簧质点系统，每个质点都有三个正交方向上的位移坐标。因此，氯化钠晶体中含有 N 个离子时，就有 $3N$ 个位移坐标，也就是 $3N$ 个振动自由度。晶格振动理论进一步假设晶体中的振动可以分解为一系列的简正模(normal modes)，每个简正模都有一个特定的振动频率，可用红外光谱或拉曼光谱来测量。氯化钠晶体中的简正模可以根据其对称性和类型进行分类。其中，有三种光学模式(optical modes)，分别是纵向光学模(L-mode)、横向光学模(T-mode)和外向光学模(Z-mode)。氯化钠晶体中的振动频率与其结构、离子半径、离子电荷、晶格常数和环境等因素有关。一般来说，氯化钠晶体中的光学模式频率高于声学模式频率，且纵向模式高于横向模式，外向模式最低。氯化钠晶体中的光学模式频率范围为 $200\sim600\mathrm{cm}^{-1}$，声学模式频率范围为 $0\sim10\mathrm{cm}^{-1}$。

4.4.6　电磁场对岩石孔隙流体分子的影响

电磁场通过电荷、电流、磁矩等方式与介质发生相互作用，改变介质的微观结构和宏观性质。在孔隙中，电磁场的主要作用对象是水分子、甲烷分子和烃类分子，它们都具有一定的极性或电荷，因此会受到电磁场的影响。

电磁场会使水分子的偶极矩与电场方向对齐，从而破坏水分子原有的氢键网络，降低水的黏度和表面张力，增加水的流动性；使水分子发生电渗、电泳效应，发生电渗效应时，水分子沿着电场方向运动，从而产生流体压力差，促进水的渗透；发生电泳效应时，水分子携带的离子或电解质沿着电场方向运动，从而改变水的电导率和电化学性质；使水分子在电场作用下发生电解、氧化还原等反应，从而产生氢气、氧气、自由基等介质，影响水的化学组成和反应活性。

电磁场会使甲烷分子和烃类分子的极性增强，从而增加它们与水分子的相互作用，降低它们的亲油性，增加它们的亲水性；使甲烷分子和烃类分子发生电泳效应，即甲烷分子和烃类分子沿着电场方向运动，从而改变它们的分布和浓度，促进它们的迁移；使甲烷分子和烃类分子发生电化学反应，即甲烷分子和烃类分子在电场作用下发生裂解、聚合、氧化还原等反应，从而产生一氧化碳、二氧化碳、甲醇、甲酸等介质，影响它们的化学组成和反应活性。

电磁场对孔隙中水分子、甲烷分子和烃类分子运动的影响是一个多尺度、多物理场、多相的耦合问题，需要采用合适的理论模型和数值方法进行研究。目前，常用的理论模型有经典力学模型、量子力学模型和介观力学模型，常用的数值方法有分子动力学模拟、蒙特卡罗模拟和耗散粒子动力学模拟等。这些模型和方法各有优缺点，需要根据研究对象的尺度、性质和目的进行选择和优化。

第5章　微纳空间场粒子运动规律

5.1　微纳孔隙介质渗流研究概述

介质非均质性和跨尺度运动是微纳孔隙介质渗流的典型特征，也是研究的难点所在。纳米结构的表面效应、界面现象、吸附/解吸效应、流体扩散、渗流机理、黏性流动、滑移效应、拓扑结构等都使得微纳孔隙中油气运移异常复杂。微尺度效应明显，达西(Darcy)定律和经典的纳维-斯托克斯(Navier-Stokes)方程不能精确描述流体流动行为。很多物理量在固体壁面附近出现非连续性，如速度滑移、温度跳跃等；静电力作用和液固的浸润/吸附使得微纳孔隙中出现电泳、电渗、双电层等界面效应。

气体在页岩中的流动不仅有渗流过程，还表现出滑移、扩散、解吸等非线性流动。页岩气在基质孔隙系统中的渗流主要受气体成分、页岩组成以及孔隙空间结构的影响。在微纳孔隙结构中，有机质生烃过程和无机成岩作用是微运移的重要研究内容，页岩组分与孔隙结构的复杂性对烃类运移影响显著，而黏土矿物成岩作用、水化作用、分子扩散和微裂缝渗透是初次运移的主要机制。这些物理化学过程的描述需从分子动力学尺度到连续介质力学尺度，在这些不同的尺度上，进行图像提取、参数取舍、初始和边界条件设定都具有强烈的非均质性，更增加了不同尺度渗流方程的建立和求解的难度。显然，页岩气藏孔隙结构的多尺度决定了渗流方式的多尺度，从分子尺度到宏观尺度都有页岩气渗流发生，因此，结合岩心实验、渗流力学及分子动力学数值模拟的系统研究将是揭示微纳孔隙介质流体运移机理的有效手段。

各类实验方法前面已有介绍，此处不再赘述，但需要再次强调的是，对于微纳孔隙结构以及流体运移的测试和表征，各种单一的实验方法都难以完成。目前，数值模拟方法已经成为主流的研究手段。

微纳孔隙结构的渗流模拟主要考虑页岩基质自身的结构复杂性，以及渗流过程的多时空尺度特性。因而如何准确表征孔隙空间特征，进而描述多相态多组分复杂流体的运移过程，成为数值模拟的关键问题。其中，直接模拟方法(direct numerical simulation，DNS)包括格子玻尔兹曼方法和传统的基于欧拉网格的计算流体动力学方法，通过有限元等数值方法来离散求解 Navier-Stokes 方程等。由于页岩中的孔隙主要为纳米尺度孔隙，也有学者提出一种新的基于有限元离散的微观连续介质模型(Soulaine and Chelepi，2016)，这种微观连续介质模型使用达西方程来描述气体在其中的运移规律。利用图像技术识别的孔隙称为大孔系统，使用斯托克斯方程进行描述，最后通过达西-布林克曼-斯托克斯方程(Darcy-Brinkman-Stokes equation，DBS 方程)将二者进行时间和空间的耦合(Brinkman，

1949）。继承这种思想，同时考虑页岩基质的不同组分，如有机质黏土矿物以及脆性矿物等，有学者提出了一种基于图像的富有机质页岩气体渗流微观连续介质模型（Guo et al.，2018），成功模拟了页岩生气的整个过程，但是这种方法计算量太大，目前很难用于更大尺度的页岩气渗流模拟。分子动力学模拟则是近年来应用于研究受限超精细页岩纳米孔中油气行为的一种有效方法，可以对任意克努森数下的流动进行模拟。从分子动力学的角度，可将流体与流体、流体与固体之间分子碰撞的相对强弱划分为连续流、滑移流、过渡流和自由分子流 4 个尺度，玻尔兹曼方程适用于上述所有尺度的流动。

本章将从理论上探讨，页岩类致密储层在纳米尺度下，其运移规律与经典渗流方程的差异性，特别是考虑纳米尺度下电磁场和机械渗流场的量子力学特征。

5.2 微纳孔隙气体吸附与渗流

5.2.1 微渗流理论

在宏观区域边界无滑移情况下，流体的渗流可采用纳维-斯托克斯方程（简写为 N-S 方程），但是在微纳尺度下，由于运移通道的尺寸接近流体或气体分子大小，运动介质的分子自由程加大，传统意义下的宏观均匀流动边界处无滑移的流体渗流条件不再成立，也就无法用 N-S 方程来解决。这种情况下，就要采用在 20 世纪末兴起的微机电系统（micro-electro-mechanical system，MEMS）理论、微渗流理论（microseepage theory）进行研究。下面对相关内容进行简介。

1. 克努森数

模拟流体的流动时，一般采用连续介质假设，但是当气体分子的密度非常低，比如当多孔介质内孔隙的尺寸足够小（纳米级别），只能够容纳几个分子时，气体的连续性假设将不再适用，此时属于稀薄气体或自由气体分子，这种在不同情况下表现出的流动特征可根据气体的稀薄程度进行描述。

气体的稀薄程度通常用克努森数（Knudsen number，Kn）表示，其定义如下：

$$Kn = \frac{\lambda}{L} \tag{5.1}$$

式中，L 为流体的特征长度（m），为气体分子产生热力学运动或质量传输的最小长度；λ 为分子运动平均自由程（m），表示一个分子两次碰撞之间的平均距离。

假设分子为刚性球，直径为 d，那么分子在单位时间内与其他同种分子碰撞的平均次数 $\bar{N}$ 近似表达为

$$\bar{N} = \sqrt{2}\pi d^2 n\bar{v} \tag{5.2}$$

式中，n 为分子数密度；$\bar{v}$ 为分子的平均速度。

对于理想气体，分子平均自由程的数学表达式为

$$\lambda = \frac{k_B T}{\sqrt{2}\pi d^2 P} \tag{5.3}$$

对于实际气体，其一个近似式为

$$\lambda = \sqrt{\frac{\pi RT}{2M}} \frac{\mu Z}{P} \tag{5.4}$$

式中，M 为气体分子的摩尔质量；μ 为气体的黏度；Z 为气体压缩因子，量纲一；P 为气体的压力。

根据克努森数(Kn)的大小，气体的流动状态可以分为四个级别，分别称为连续流、滑移流、过渡流和自由分子流。这种依据克努森数的分类方案主要基于以厚度为特征长度的无限凹槽中气体的流动模型推导得出。

(1) 当 $Kn < 0.001$ 时，称为黏性流，气体的流动满足连续介质模型，可用 N-S 方程进行描述。当 Kn 趋近于 0 时，N-S 方程转变为欧拉方程，也可用达西渗流方程描述。

(2) 当 $0.001 < Kn < 0.01$ 时，称为滑移流或叫作滑脱渗流。气体分子发生滑移流动，即滑流，这时 N-S 方程仍然适用，但在固体界面处的流体速度必须满足合适的滑移边界条件。在滑流阶段，气体的流动会出现特殊情况，表现为孔隙直径越小，滑移现象越明显；压力越低，或者气体密度越小，滑移现象也越明显。

(3) 当 $0.01 < Kn < 0.1$ 时，称为菲克扩散。流体分子与孔隙壁面产生碰撞效应。

(4) 当 $0.1 < Kn < 10$ 时，称为过渡流，表示从滑移流动向自由分子流动转变。纳米级孔隙中流体分子流动时，同时受到分子-分子碰撞，以及分子-孔隙壁面碰撞的耦合作用。

(5) 当 $Kn > 10$ 时，属于完全自由分子流，或称作克努森扩散。此时气体分子的速度不受物体存在的影响，速度场为局部平衡态，N-S 方程将不再适用。

2. 雷诺数

雷诺数(Reynolds number，Re)是流体力学非常重要的一个参数，用来表征流体流动状态的一个无量纲数，是由英国物理学家奥斯本·雷诺(Osborne Reynolds)首次提出的。雷诺数可用来区分流体的运动状态是层流还是湍流，也可用来确定物体在流体中流动所受到的阻力。

雷诺数的计算公式为

$$Re = \frac{\rho v d}{\mu} \tag{5.5}$$

式中，d 为特征长度(如流体通过的管道的直径)。一般把 ρv 认为是惯性力，而把 μ 当作是黏滞力。

当雷诺数 Re 较小时，黏滞力对流场的影响大于惯性力，流速的扰动会因黏滞力而衰减，流体稳定，为层流；当雷诺数 Re 较大时，惯性力对流场的影响大于黏滞力，流体较不稳定，流速的微小变化容易发展、增强，形成紊乱、不规则的紊流流场。

雷诺数 Re 可以作为判别流动特性的依据，例如在管流中，$Re < 2300$ 的流动是层流，Re 属于[2300,4000]为过渡态，$Re > 4000$ 为湍流。

雷诺数的计算公式中，最难确定的是流体所处环境的特征长度，因此 Re 就演化出了很多计算方法，目前比较认可的计算方法是

$$Re = \frac{0.000181\rho v\sqrt{k}}{\mu\phi^{1.5}} = 1.81\times10^{-4}\frac{\rho v\sqrt{k}}{\mu\phi^{1.5}} \tag{5.6}$$

式中，k 为介质渗透率；ϕ 为介质的孔隙度。

3. 微流动基本方程

微机电理论和微流动理论是微通道流动数值模拟与实验研究的基础。微流动的控制方程主要包括：质量平衡方程、动量平衡方程和总能量平衡方程。若假设流体局限在体积 V 内流动，V 和 S 为流体运动方向体积和面积，则根据质量、动量和能量守恒定律，可以写出以下三个方程：

$$\begin{cases} \dfrac{\mathrm{d}}{\mathrm{d}t}\int_V \rho\mathrm{d}V = -\int_{V'} \rho v_n \mathrm{d}S \\[2mm] \dfrac{\mathrm{d}}{\mathrm{d}t}\int_V \rho v\mathrm{d}V \pm \int_{V'}[\rho v(v\cdot n)-n\sigma]\mathrm{d}S = \int_V f\mathrm{d}V \\[2mm] \dfrac{\mathrm{d}}{\mathrm{d}t}\int_V E\mathrm{d}V \pm \int_{V'}(Ev-\sigma v-q)n\mathrm{d}S = -\int_{V'} fv\mathrm{d}V \end{cases} \tag{5.7}$$

式中，v 为速度场；n 为法线矢量；v_n 为法向速度分量；σ 为应力张量；f 为作用在局限区域内流体上的所有外力；E 为总能量；q 为热通量。

对于微尺度流体，由于 Kn 增大，分子运动效应增强，无滑移边界条件已经不再适用。由于在管道壁处存在速度滑移，麦克斯韦推导出一阶滑移速度表达式为

$$v = \lambda\frac{2-\sigma_v}{\sigma_v}\frac{\partial u}{\partial y} \tag{5.8}$$

式中，σ_v 为切向量动量系数；λ 为分子运动平均自由程。

4. 微纳空间稀薄气体渗流方程

所谓稀薄气体指气体浓度很低，气体运动出现间断效应或分子效应，连续介质假设不再适用。按照上述克努森数的分类，稀薄气体的流动将出现滑移流、过渡流和自由分子流。

滑移流：将玻尔兹曼方程做查普曼-恩斯库格（Chapman-Enskog，简称 C-E）展开，这是处理玻尔兹曼方程的一种分析方法，用 C-E 展开方程的一阶近似来逼近 N-S 方程，或者二阶近似逼近伯内特（Burnett）方程，来描述滑移流。但是需要考虑边界上滑移和温度跳跃现象。

1999 年，Beskok 和 Karniadakis 建立了针对稀薄气体微型凹槽管道流动模型，简称 B-K 模型。这个模型对于 Kn 在 0 到 ∞ 都适用。B-K 模型如下：

$$Q = Kn'Q_{\text{H-P}} \tag{5.9}$$

式中，$Q_{\text{H-P}}$ 为按照式(5.9)计算的流量，为哈根-泊肃叶（Hagen-Poiseuille）的流量表示；Kn' 为校正的克努森数，

$$Kn' = (1 + aK_n)\left(1 + \frac{4Kn}{1 - bKn}\right) \tag{5.10}$$

式中，a 为稀疏因子；b 为滑移系数；$b = -1$ 表示管流的二阶滑移条件。

5.2.2 纳维-斯托克斯方程

纳维-斯托克斯方程(N-S 方程)是由法国数学家纳维(Claude Louis Navier)于 1821 年和爱尔兰数学家斯托克斯(George Stokes)于 1845 年分别提出的关于黏性流体力学的一组方程，用于描述黏性不可压缩流体动量守恒的运动方程，描述流体的质量守恒和运动规律等。

N-S 方程由连续性方程和动量方程组成。其中，连续性方程描述了流体的质量守恒，即流体在单位时间内的进出量相等；动量方程描述了流体的运动规律，包括流体的加速度、压力和黏性力等。N-S 方程在岩石物理学中被广泛应用，主要用于描述地下流体的运动和传输规律，如油气藏中的原油流动、地层水运动和地震波传播等。在地震波模拟中，N-S 方程被用来描述地下岩石中的介质特性和地震波传播的规律。

N-S 方程也可以叫作质量守恒方程，即在一段时间内，流体流过空间中的任一曲面，流入质量等于流出质量。假定流体为不可压缩的均匀介质，它的矢量形式为

$$\mu\nabla^2 \boldsymbol{v} = \rho\frac{\mathrm{d}\boldsymbol{v}}{\mathrm{d}t} + \boldsymbol{v}\cdot\nabla\boldsymbol{v} - \rho g + \nabla P \tag{5.11}$$

式中，$\boldsymbol{v}$ 为速度矢量。

N-S 方程描述黏性不可压缩流体，如果流体中的惯性力远远小于流体的黏滞力，即雷诺数 $Re \ll 1$，则 $\boldsymbol{v}\cdot\nabla\boldsymbol{v}$ 为惯性项可以忽略，式(5.11)退化为

$$\mu\nabla^2 \boldsymbol{v} = \rho\frac{\mathrm{d}\boldsymbol{v}}{\mathrm{d}t} - \rho g + \nabla P \tag{5.12}$$

若流体达到稳定态后，即速度恒定，则时间导数项可以忽略，式(5.12)变为稳态 N-S 方程：

$$\mu\nabla^2 \boldsymbol{v} = \nabla P - \rho g \tag{5.13}$$

稳态 N-S 方程对于单相流和多相流也是适用的。

从理论上讲，N-S 方程是反映黏性流体(又称真实流体)流动的基本力学规律，在流体力学中有十分重要的意义。它是一个非线性偏微分方程，求解非常困难和复杂。许多情况下，只能对 N-S 方程各项作量级分析，对解的特性进行分析，或获得方程的近似解。某些情况下，例如当雷诺数 $Re \geqslant 1$ 时，绕流物体边界层外，黏性力远小于惯性力，方程中黏性项可以忽略，N-S 方程简化为理想流动中的欧拉方程；而在边界层内，N-S 方程又可简化为边界层方程等。

5.2.3 哈根-泊肃叶方程

N-S 方程最著名的精确解可能是通过恒定截面的直圆管进行稳定、不可压缩的层流流

动。这种流动通常被称为哈根-泊肃叶流动，或泊肃叶流动。它的命名是为了纪念法国医生泊肃叶(J. L. Poiseuille)和德国液压工程师哈根(G. H. L. Hagen)。泊肃叶对通过毛细血管的血液流动感兴趣，并通过实验推导了层流通过圆管的阻力定律。哈根对管内流动的研究也是实验性的。式(5.14)即为泊肃叶方程，也称作哈根-泊肃叶定律。

$$Q = -\frac{\pi r^4}{8\mu}\frac{\partial P}{\partial z} = \frac{\pi r^4}{8\mu}\frac{\Delta P}{L} \tag{5.14}$$

如果是 n 根平行的管子，则式(5.14)多一个系数 n。在岩石孔隙环境下，由于渗流管道半径很小，通道很多，半径的大小也不一致，泊肃叶方程就变化成达西公式，即

$$Q = -\frac{kA}{\mu}\frac{\partial P}{\partial z} = \frac{kA}{\mu}\frac{\Delta P}{L} \tag{5.15}$$

对于岩石来讲，渗透率 k 与渗流通道的半径 r 之间的关系，满足科泽尼-卡曼(Kozeny-Carman)关系，即

$$k = \frac{\phi r^2}{8\tau^2} \tag{5.16}$$

式中，τ 为孔隙的迂曲度。

5.2.4 玻尔兹曼方程

1. 玻尔兹曼分布

微纳孔隙结构中的流体分子可以被看作是处于相对稳定环境下的自由分子(忽略被孔隙壁面束缚的甲烷和水分子)。在地层被打开后，将在压差和重力，有时还会有电场力的作用下运移，这些力都是保守力。处于保守力作用下的气体分子其分布状态符合玻尔兹曼或近玻尔兹曼分布。

1868 年玻尔兹曼在进行热力学研究时提出了理想气体分子在热状态下的分布规律，被称为玻尔兹曼分布。1902 年，吉布斯对其做了更深入的研究，给出了更一般化的表述，也叫吉布斯分布，是一种覆盖系统各种状态的概率分布、概率测量或者频率分布。它描述的是，当有保守外力或保守外力场作用时，处于热平衡状态下的气体分子按能量分布的一种规律。它给出了一个系统处于某种量子态的概率，这个概率是该状态的能量和系统温度的函数。分布情况以下列形式表示：

$$p_i = \frac{1}{Z}\mathrm{e}^{-\frac{\varepsilon_i}{k_\mathrm{B}T}} = \frac{\mathrm{e}^{-\frac{\varepsilon_i}{k_\mathrm{B}T}}}{\sum\limits_{i=1}^{n}\mathrm{e}^{-\frac{\varepsilon_i}{k_\mathrm{B}T}}} \tag{5.17}$$

式中，p_i 为系统处于状态 i 的概率；ε_i 为状态 i 的能量；n 为系统总的粒子态的数量；Z 为正则配分函数，

$$Z = \sum_{i=1}^{n}\mathrm{e}^{-\frac{\varepsilon_i}{k_\mathrm{B}T}} \tag{5.18}$$

玻尔兹曼分布指出，能量低的量子态总是有比能量高的量子态更高的概率被粒子占据。它同时也能让我们定量地比较两个量子态分布概率的关系。状态 i 和状态 j 的概率比为

$$\frac{p_i}{p_j} = \frac{\mathrm{e}^{-\frac{\varepsilon_i}{k_\mathrm{B}T}}}{\mathrm{e}^{-\frac{\varepsilon_j}{k_\mathrm{B}T}}} = \mathrm{e}^{-\frac{(\varepsilon_i - \varepsilon_j)}{k_\mathrm{B}T}} \tag{5.19}$$

2. 玻尔兹曼熵

熵是系统内分子热运动的无序性的一个量度，孤立系统的自然演化过程中，熵总是增加的。玻尔兹曼熵描述一个系统的熵与系统总量子态数之间的关系，建立了经典热力学与统计热力学之间的联系。玻尔兹曼熵实际是一个量子态的态函数。

$$S = k_\mathrm{B} \ln W \tag{5.20}$$

$$W = N! \prod_i \frac{1}{N_i!} \tag{5.21}$$

W 表示系统处于某一种宏观状态的概率，对应于系统宏观状态的可能微观状态的数量，这个状态是通过系统中分子所处的位置和动量来表征的。玻尔兹曼的范式是 N 个相同粒子的理想气体，其中 N_i 处于第 i 个微观位置和动量状态的概率。其中 i 的范围包含所有可能的分子状态。

3. 玻尔兹曼方程

玻尔兹曼方程描述非平衡状态的热力学系统宏观变化规律，玻尔兹曼方程不关注流体中每个粒子的位置 r 和动量 p，只考虑特定粒子的位置和动量的概率分布。首先引入两个概念。

1）相空间

所谓相空间，指的是系统中所有可能的位置 r 和动量 p 的集合。集合中位置坐标记为 x, y, z，动量坐标记为 p_x, p_y, p_z。这个相空间状态由 6 个参数确定，因此，相空间状态是 6 维的，任意分子的某个相空间可以表示为

$$(r, p) = (x, y, z, p_x, p_y, p_z)$$

把这样的一个相空间称为微分体积元，简称微元，记作 $\mathrm{d}V$：

$$\mathrm{d}V = \mathrm{d}r\mathrm{d}p = \mathrm{d}x\mathrm{d}y\mathrm{d}z\mathrm{d}p_x\mathrm{d}p_y\mathrm{d}p_z \tag{5.22}$$

2）概率密度函数

假设处于相空间微元 $\mathrm{d}V$ 中的某个系统 Ω，其中有 N 个分子，在 t 时刻，某个分子处于 (r, p) 相空间的概率为 f，它刻画的是在某一时刻 t，单位体积中某个分子处于某一相空间状态 (r, p) 的概率，把这个概率称为概率密度函数，记为 $f(r, p, t)$，则分子数 N 与概率密度函数 f 具有下列关系：

$$\mathrm{d}N = f(r, p, t)\mathrm{d}r\mathrm{d}p \tag{5.23}$$

在位置空间和动量空间的一个区域上积分,得出在该区域中具有位置和动量的粒子总数:

$$N = \iint f \mathrm{d}r\mathrm{d}p = \int_{\mathrm{d}p}\int_{\mathrm{d}r} f(x,y,z,p_x,p_y,p_z,t)\mathrm{d}x\mathrm{d}y\mathrm{d}z\mathrm{d}p_x\mathrm{d}p_y\mathrm{d}p_z \tag{5.24}$$

先是对位置 $\mathrm{d}r$ 的积分,然后是对动量 $\mathrm{d}p$ 的积分。

考虑分子在孔隙中的自由运动情况,分子将在外场力(external force)、分子热扩散(diffusion)以及分子的无规则碰撞(collision)共同作用下运动,那么空间概率密度函数 f 对时间的一阶导数由以上三部分组成,表达如下:

$$\frac{\mathrm{d}f}{\mathrm{d}t} = \frac{\partial f}{\partial t}\bigg|_{\mathrm{force}} + \frac{\partial f}{\partial t}\bigg|_{\mathrm{diffusion}} + \frac{\partial f}{\partial t}\bigg|_{\mathrm{collision}} \tag{5.25}$$

外力为压差或电场力时,这些都是保守力,用 $F(r,t)$ 表示,受到外力 F 的作用后,分子的空间位置 r 和动量 p 均发生变化,上述方程将变为

$$\frac{\partial f}{\partial t} + \frac{p}{m}\cdot\nabla f + F\cdot\frac{\partial f}{\partial p} = \frac{\partial f}{\partial t}\bigg|_{\mathrm{collision}} \tag{5.26}$$

方程右边为分子碰撞产生的影响,如果此项为 0,则说明分子间没有碰撞,方程可以解出。下面讨论碰撞项不为 0 的情况。

假设两个分子在碰撞之前,完全无关,碰撞项是单粒子分布函数乘积在动量空间上的积分,这一假设也叫作分子混沌假设(molecular chaos assumption)。设两个分子碰撞前的动量分别为 p_1、p_2,碰撞后为 p_1' 和 p_2',则碰撞项可表示为

$$\frac{\partial f}{\partial t}\bigg|_{\mathrm{collision}} = \iint gI(g,\Omega)[f(r,p_1',t)f(r,p_2',t) - f(r,p_1',t)f(r,p_2',t)]\mathrm{d}\Omega\mathrm{d}r\mathrm{d}p \tag{5.27}$$

$$g = |p_2' - p_1'| = |p_2 - p_1| \tag{5.28}$$

方程中的 $I(g,\Omega)$ 表示分子碰撞的散射截面。

对碰撞项的一个有效简化是在 1954 年由 Bhatnagar、Gross 和 Krook 作出的,被称为BGK 近似。其方程如下:

$$\frac{\partial f}{\partial t} + \frac{p}{m}\cdot\nabla f + F\cdot\frac{\partial f}{\partial p} = \nu(f_0 - f) \tag{5.29}$$

式中,ν 为分子碰撞频率,与系统的弛豫时间互为倒数;f_0 为局域麦克斯韦分布函数,由空间中该点的温度决定。

在油气储层中,天然气的成分包括甲烷、硫化氢、一氧化碳、二氧化碳等多种气体。则玻尔兹曼方程将变得更为复杂,可表示为

$$\frac{\partial f_j}{\partial t} + \frac{p_j}{m_j}\cdot\nabla f_j + F\cdot\frac{\partial f_j}{\partial p_j} = \frac{\partial f_j}{\partial t}\bigg|_{\mathrm{collision}} \tag{5.30}$$

式中,$j=1,2,3,\cdots$,表示不同的化学成分。特别是方程右面的碰撞项,由于不同分子间的碰撞散射截面函数变化更加难以估计,方程的复杂程度难以想象。

为简化上面方程书写,引入两个算子(operator):刘维尔算子(Liouville operator)L 和碰撞算子(collision operator)C。在非相对论情况下,式(5.30)记作:

$$L[f] = C[f] \tag{5.31}$$

$$L = \frac{\partial}{\partial t} + \frac{\boldsymbol{p}}{m} \cdot \nabla + \boldsymbol{F} \cdot \frac{\partial}{\partial \boldsymbol{p}} \tag{5.32}$$

$$C = \frac{\partial}{\partial t} \tag{5.33}$$

式中，L 算子为对相空间体积演化的描述；C 为粒子两两碰撞前后的概率密度函数的时间演化。

从上面的分析可知，一般情况下玻尔兹曼方程没有解析解，但是，可以通过引入具体的物理模型进行约束。玻尔兹曼方程为气体分子动力学的最基本方程，也是稀薄气体动力学的基本方程。对于气体在纳米孔隙或管道中的流动来说，由于孔隙或者管道的尺寸足够小，气体分子与孔隙壁的作用会增强，出现诸如吸附/脱附、滑移、表面扩散、摩擦界面传输等新现象，需要采用建立类玻尔兹曼方程的分子动力学模型。

5.2.5　不规则孔道渗流表征

页岩气藏的渗流一般包括解吸、扩散和达西渗流这三个阶段。首先是页岩气从微纳孔隙壁面的解吸过程，然后是在干酪根或黏土矿物中及微纳孔中的扩散过程，最后则是在大孔隙和裂缝以及井筒附近地层的达西渗流。在扩散阶段，页岩气藏的扩散主要包括：克努森扩散、分子扩散和表面扩散。页岩气流动状态主要属于过渡流和滑移流。解吸过程发生在干酪根表面。

克努森扩散系数可表示为

$$D_{\mathrm{K}} = \frac{\tau d_n}{3\varLambda} \sqrt{\frac{8RT}{\pi M}} \tag{5.34}$$

式中，$\varLambda$ 为页岩气扩散路径的曲折因子。

微孔隙到大孔隙和微裂缝中为菲克扩散，菲克扩散 (Fick diffusion) 系数如下：

$$D_{\mathrm{F}} = \frac{\tau T k_{\mathrm{B}}}{3\pi \varLambda \mu_g d_g} \tag{5.35}$$

式中，d_g 为气体分子直径；μ_g 为气体黏度。

过渡区扩散，其扩散系数为

$$D_{\mathrm{T}} = \frac{D_{\mathrm{K}} D_{\mathrm{F}}}{D_{\mathrm{K}} + D_{\mathrm{F}}} \tag{5.36}$$

5.3　微纳介质环境麦克斯韦场方程

5.3.1　微纳孔中的电磁场方程

1. 场方程

类比于经典麦克斯韦方程，微观电磁场方程表达为

$$
\begin{cases}
\nabla \cdot \boldsymbol{D}^{\mathrm{micro}} = \rho^{\mathrm{micro}} \\[2mm]
\nabla \times \boldsymbol{E}^{\mathrm{micro}} = -\dfrac{\partial B^{\mathrm{micro}}}{\partial t} \\[2mm]
\nabla \cdot \boldsymbol{B}^{\mathrm{micro}} = 0 \\[2mm]
\nabla \times \boldsymbol{H}^{\mathrm{micro}} = \dfrac{\partial D^{\mathrm{micro}}}{\partial t} + j^{\mathrm{micro}}
\end{cases}
\tag{5.37}
$$

式中，上标 micro 代表微观；$\boldsymbol{E}^{\mathrm{micro}}$ 和 $\boldsymbol{B}^{\mathrm{micro}}$ 分别代表微观电场强度和微观磁感应强度，$\boldsymbol{H}^{\mathrm{micro}}$ 和 j^{micro} 分别代表微观磁场强度和微观电流密度，本质上与宏观场没有区别。

2. 几个场量的补充说明

一般会把介质中的电荷分为自由电荷和束缚电荷(极化电荷)，它们的密度分别用 ρ_0 和 ρ' 表示，空间电荷密度 ρ 是这两部分之和：

$$
\rho = \rho_0 + \rho'
$$

类似地，介质中的电流也是由两部分组成，即自由电荷形成的传导电流和束缚电荷形成的分子电流，它们的密度分别用 j_0 和 j' 表示，电流密度 j 可表达为

$$
j = j_0 + j'
$$
$$
j' = j_{\mathrm{P}} + j_{\mathrm{M}}
$$

分子电流又包括两部分，即极化电流和磁化电流。j_{P} 是极化后正负电荷相对运动引起的，j_{M} 表示磁化电流，是由电子的轨道运动、电子与原子核自旋在外磁场下取向及附加进动形成的电流；在此基础上定义了极化强度 P 与磁化强度 M 两个物理量，它们满足：

$$
\begin{cases}
\nabla \cdot P = \rho' \\[1mm]
\nabla \cdot M = 0 \\[1mm]
\nabla \cdot j_M = 0 \\[1mm]
\nabla \times M = \dfrac{1}{c}\left(j' - \dfrac{\partial P}{\partial t} \right)
\end{cases}
\tag{5.38}
$$

极化强度 P 是指单位体积的介质中的电偶极矩，磁化强度 M 是指单位体积的介质中产生磁感应引起的磁矩。

我们知道，从低频到高频，介电极化的机理是不一样的。上述关于电偶极矩和磁矩的概念适用于低频或者静态，当处于高频域时，自由电荷、束缚电荷、传导电流、分子电流将很难区分，所以对于式(5.38)中的电流密度 j'，我们不再区分其传导电流和极化电流，方程组(5.38)中最后一个方程重写为

$$
\nabla \times \boldsymbol{M} = \frac{1}{c}\left(j - \frac{\partial P}{\partial t} \right)
\tag{5.39}
$$

电位移矢量 $\boldsymbol{D}$ 及磁场强度 $\boldsymbol{H}$ 与 $\boldsymbol{P}$ 和 $\boldsymbol{M}$ 的关系如下：

$$
\begin{aligned}
\boldsymbol{D} &= \boldsymbol{E} + 4\pi \boldsymbol{P} \\
\boldsymbol{H} &= \boldsymbol{B} - 4\pi \boldsymbol{M}
\end{aligned}
\tag{5.40}
$$

无色散介质，即各向同性介质的本构方程为

$$D = \varepsilon E$$
$$j = \sigma E \tag{5.41}$$
$$H = \frac{B}{\mu}$$

式中，μ、ε、σ 分别为介质的磁导率、电容率(介电常数)和电导率。

在同向异性介质里，μ、ε、σ 都是张量。而对于各向同性介质，只有静态时为标量，而在高频电磁波中它们也是张量。在色散的情况下上述介质响应方程都采取卷积的形式：

$$D(r,t) = \iiint dr' \int_{-\infty}^{t} dt' \varepsilon(r',t,t') \cdot E(r't')$$
$$j(r,t) = \iiint dr' \int_{-\infty}^{t} dt' \sigma(r',t,t') \cdot E(r't') \tag{5.42}$$
$$H(r,t) = \iiint dr' \int_{-\infty}^{t} dt' \mu(r',t,t') \cdot B(r't')$$

微纳孔隙介质存在很强的色散，所以 μ、ε、σ 是与位置和时间有关的张量。

以上形式的方程表明响应具有非局域和非即时的性质。它表明，空间所有 r' 处的电场强度 E 都对 r 处的电流密度 j 有影响；所有 t 时刻以前的 E 都对 t' 时刻的电流密度 j 有影响。对时间 t' 的积分范围限于 $t' \ll t$，这是由因果关系决定的。

以上是在微纳空间各向异性介质的麦克斯韦场方程以及各个物理量之间的关系。

对于矢量场，一般可分为纵场与横场，我们知道，纵场的旋度为 0，横场的散度为 0。

$$\frac{\partial P}{\partial t} = j - \lambda j_{\perp} \tag{5.43}$$

式中，λ 为待定系数，它的取值影响着介质的电导率、电容率和磁导率的相互关系。

为此，先要说明各向异性情况下，电流密度 j 的特性，其纵、横向电流密度分量满足：

$$ik \cdot j_{\perp} = 0$$
$$ik \times j_{//} = 0 \tag{5.44}$$

式中，i 为虚数单位；k 为波矢。沿 z 轴方向，$k = (0,0,1)$。

引入单位张量 I，并做纵横分解：

$$I = \begin{pmatrix} 1 & 0 & 0 \\ 0 & 1 & 0 \\ 0 & 0 & 1 \end{pmatrix} \tag{5.45}$$

$$I_{\perp} = \begin{pmatrix} 1 & 0 & 0 \\ 0 & 1 & 0 \\ 0 & 0 & 0 \end{pmatrix} \tag{5.46}$$

$$I_{//} = \begin{pmatrix} 0 & 0 & 0 \\ 0 & 0 & 0 \\ 0 & 0 & 1 \end{pmatrix} \tag{5.47}$$

下面来看，待定系数 λ 在不同取值情况下，μ、ε、σ 的相互关系：

(1) $\lambda=0$,

$$\begin{cases} I = \dfrac{4\pi i}{\omega}\sigma(k,\omega) - \varepsilon(k,\omega) \\ I = \dfrac{1}{\mu(k,\omega)} \end{cases} \tag{5.48}$$

(2) $\lambda=1$,

$$\begin{cases} I = \dfrac{4\pi i}{\omega}\sigma_{//}(k,\omega) - \varepsilon(k,\omega) \\ I = \mu(k,\omega)\left[1 - \dfrac{4\pi i}{\omega}\sigma_{\perp}(k,\omega)\right] \end{cases} \tag{5.49}$$

(3) $\lambda(k,\omega) = 1 - \dfrac{\sigma_{//}(k,\omega)}{\sigma_{\perp}(k,\omega)}$,

$$\begin{cases} I = \dfrac{\varepsilon(k,\omega)}{1 + \dfrac{4\pi i}{\omega}\sigma_{//}(k,\omega)} \\ I = \dfrac{\mu(k,\omega)}{1 + \dfrac{4\pi i}{\omega}\left[\sigma_{//}(k,\omega) - \sigma_{\perp}(k,\omega)\right]} \end{cases} \tag{5.50}$$

式中，ω 为电磁场角频率。

从上面的关系中可以看出，在高频下，介质的电场与磁场的性质紧密地耦合在一起。

5.3.2 场方程层界面上的边界条件

地层是一种典型的层状介质，且是非均匀介质。因此，必须要对层界面的边界条件进行考察。考虑如图 5.1 所示的多层介质。图中，n 和 t 分别表示层界面的法向和切向。

$$\nabla \cdot E^{\mathrm{micro}} = 4\pi\rho_q^{\mathrm{micro}} \tag{5.51}$$

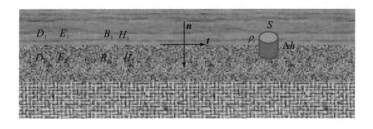

图 5.1　地层中的多层介质示意图

1. 法向边界条件

假设层界面有一段小圆柱，其截面积为 S，高度为 Δh，则在小圆柱内电场的通量可表示为

$$\oint_S D \cdot ds = \oint_S \left(\varepsilon_0 E + P \right) \cdot dS = \int_V \rho_V dV \tag{5.52}$$

式中，$V = S\Delta h$；ρ_V 为电荷体密度。

当圆柱体向上、下边界无限接近时，$\Delta h \to 0$ 只剩下界面的积分不为 0，因此，

$$D_1 - D_2 = \rho_S \tag{5.53}$$

如果分界面处没有自由电荷，即 $\rho_S = 0$，则有

$$D_1 = D_2 \tag{5.54}$$

式(5.53)和式(5.54)说明，如果分界面上有自由电荷，则分界面处电位移(矢量)不连续，其差值就是自由电荷面密度，而如果分界面上没有自由电荷，则分界面处电位移矢量连续。

根据式(5.51)可知，在这段小圆柱上有下式成立：

$$B_1 - B_2 = 0 \tag{5.55}$$

在分界面处，磁感应强度是连续的。根据磁感应强度与磁场强度的关系，则有

$$\mu_1 H_1 = \mu_2 H_2 , \quad H_1 = \frac{\mu_2}{\mu_1} H_2 \tag{5.56}$$

这说明，磁场强度在分界面处有一个跳变。

2. 切向边界条件

假设在分界面处有一个长方形闭合路径，长为 l，宽为 Δh。根据方程式(5.53)，可以得

$$E_1 - E_2 = \frac{\partial B}{\partial t}\Big|_{\Delta h \to 0} = 0 \tag{5.57}$$

$$E_1 = E_2 \tag{5.58}$$

即分界面处，电场强度切向分量是连续的。

类似地，可得

$$H_1 - H_2 = J_S = J\Delta h\big|_{\Delta h \to 0} \tag{5.59}$$

J_S 为沿界面过切线方向的面电流密度。若界面两侧介质的电导率很小，电阻率很大，则

$$J_S = J\Delta h = \sigma E\Delta h\big|_{\Delta h \to 0} \tag{5.60}$$

进而知道：

$$H_1 = H_2 \tag{5.61}$$

式(5.61)表明，当介质的电导率有限时，分界面上切线方向磁场强度连续。

5.3.3　地层中稳恒电磁场

考虑井筒内场源电磁波在地层中的传播，可以看作球面波。当电磁波传播足够远时，常相位球面波可以看成是平面波。

$$\left[\frac{1}{r^2} \frac{\partial}{\partial r} \left(r^2 \frac{\partial}{\partial r} \right) + \frac{1}{r^2 \sin\theta} \frac{\partial}{\partial \theta} \left(\sin\theta \frac{\partial}{\partial \theta} \right) + \frac{1}{r^2 \sin^2\theta} \frac{\partial}{\partial^2 \varphi} \right] U = \nabla^2 U = 0 \tag{5.62}$$

考虑到点电源情况时，电位与方位角(θ)和极角(φ)都无关，上式可进一步简化为

$$\left[\frac{1}{r^2}\frac{\partial}{\partial r}\left(r^2\frac{\partial}{\partial r}\right)\right]U = 0 \tag{5.63}$$

5.3.4　外加电磁场

当存在外加电磁场时，假设场强为 $E = E_0\cos(\omega t+\theta_0)$，孔隙流体中的阴阳离子将受到电磁场力的作用。地层中传播的电磁场方程可由称为"电报方程"的式子表达，如下式：

$$\begin{cases} \nabla^2 E + k^2 E = 0 \\ \nabla^2 H + k^2 H = 0 \end{cases} \tag{5.64}$$

式中，E 为电场强度；H 为磁场强度；k 为电磁波传播系数，并且 $k^2 = -\mathrm{i}\omega\mu\sigma + \omega^2\mu\varepsilon$。考虑到电磁波在地层传播的情况，一般存在以下层边界条件(此处不展开讨论)。

(1)电场。电场的切向分量连续，则要求：$E_{1t}=E_{2t}$；电位移 D 的法向分量连续，则要求：$D_{1n}=D_{2n}$，或 $J_{1n}=J_{2n}$。

(2)磁场。对应的，磁场的边界条件是：$H_{1t}=H_{2t}$；$B_{1n}=B_{2n}$。

方程(5.64)具有如下形式的通解：

$$U = A\mathrm{e}^{-\mathrm{i}kr} + B\mathrm{e}^{\mathrm{i}kr} \tag{5.65}$$

式中，A 和 B 为待定系数，可以通过递推公式得到；r 为传播半径。

电磁波为偏振波，根据以上边界条件，再假设与仪器轴探测方向垂直的方向为各向均匀地层，则对于直井，通常只考虑其 H_y(TM 偏振波)与 E_x(TE 偏振波)分量，对于页岩类水平井，则需要考虑其 E_z 和 H_x 的情况。式(5.65)给出一个特解，可以满足页岩地层 TE 偏振波的传播特征(图 5.2、图 5.3)：

$$E_z = E_{z0}\,\mathrm{e}^{-\mathrm{i}\omega t}\,\mathrm{e}^{-\mathrm{i}k_z x} \tag{5.66}$$

式中，k_z 为 Z 方向传播因子。

很显然，电磁波的能量是按照距离的负指数规律衰减的。在不考虑泥浆侵入的情况下，孔隙流体中的离子将持续地受到场强 E_z 的作用。

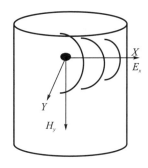　　　　　　　　　　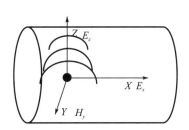

图 5.2　直井中激发场源径向传播　　　　　图 5.3　水平井激发场源径向传播

5.4 薛定谔方程

在《岩石中离子导电与介电》中，我们曾不加证明地给出薛定谔方程，本节则需要较为详细地进行论述。

读者都知道，描绘经典物理世界运动的方程是牛顿运动方程[式(5.67)]。在量子力学的初期，人们也想建立一个描述微观粒子(如电子)的运动方程。最早给出这一方程的是奥地利的物理学家鄂温·薛定谔(Erwin Schrödinger)。他在 1926 年，提出了描述微观粒子状态随时间运动变化的波函数方程。1923 年，法国博士生路易·德布罗意王子，在 Nature 期刊发表了一篇一页的论文。在论文中，德布罗意提出了某种驻波可能是电子绕原子核旋转形成的，而电子轨道的量子化的原因，可能就是这种驻波量子条件的物理机制。而后逐渐发展为介质波、粒子波的概念。

宏观物体(质点)的运动状态可用大家熟悉的牛顿定律来表征如下：

$$\begin{cases} S = vt \\ F = ma = m\dfrac{\mathrm{d}v}{\mathrm{d}t} = m\dfrac{\mathrm{d}}{\mathrm{d}t}\left(\dfrac{\mathrm{d}x}{\mathrm{d}t}\right) = m\dfrac{\mathrm{d}^2 x}{\mathrm{d}t^2} \end{cases} \tag{5.67}$$

式中，v 表示粒子运动的速度。

薛定谔将物质波的概念与波动方程结合起来，建立了一个二阶偏微分方程来描述微观粒子的运动。给定粒子的初始条件和边界条件，就可以求解出波函数具体的形式和粒子对应的能量。薛定谔方程已经成为量子力学的基本方程，从机理上解释了微观粒子的不确定性，粒子是以概率的方式出现在空间的某个位置的。

需要指出的是，薛定谔方程仅适用于速度不太大、不考虑自旋的非相对论粒子，当粒子的运动速度接近光速，并对粒子自旋进行表征时，薛定谔方程则由体现相对论效应的狄拉克方程所取代。

下面，我们用简要的推导建立薛定谔方程。

5.4.1 薛定谔方程的建立

对于任意一个自由粒子，仅考虑其一维的运动，可用式(5.68)来描述。

$$\psi(x,t) = A_0 \cos\omega\left(t - \frac{x}{u}\right) = A_0 \cos(kx - \omega t) \tag{5.68}$$

式中，k 称作波数，$k = \dfrac{2\pi}{\lambda} = \dfrac{\omega}{u}$。

采用欧拉公式的记法，式(5.68)也可以写为式(5.69)：

$$\psi(x,t) = A_0 \,\mathrm{e}^{\mathrm{i}(kx - \omega t)} \tag{5.69}$$

考虑沿任意方向传播的平面波，则

$$\psi(\boldsymbol{r},t) = A_0 \,\mathrm{e}^{\mathrm{i}(k\cdot r - \omega t)} \tag{5.70}$$

式中，$\boldsymbol{r}$ 为空间矢量。

利用德布罗意关系式：

$$E = \hbar\omega$$
$$p = \hbar k \tag{5.71}$$

用 E 和 p 替换式 (5.70) 中的 k 和 ω 即可得到一般自由粒子波函数：

$$\psi(\boldsymbol{r},t) = A\mathrm{e}^{\frac{i}{\hbar}(p\cdot\boldsymbol{r}-Et)} \tag{5.72}$$

则式 (5.72) 用能量-动量可改写为

$$\psi(\boldsymbol{r},t) = A_0\,\mathrm{e}^{\frac{i}{\hbar}(p\cdot\boldsymbol{r}-Et)} \tag{5.73}$$

式 (5.73) 就是一个粒子运动的波函数，我们对这个函数的时间求一阶偏导：

$$\frac{\partial\psi(\boldsymbol{r},t)}{\partial t} = -E\frac{i}{\hbar}\psi(\boldsymbol{r},t) \tag{5.74}$$

对空间坐标求二阶偏导：

$$\nabla^2\psi(\boldsymbol{r},t) = -\frac{p^2}{\hbar^2}\psi(\boldsymbol{r},t) \tag{5.75}$$

考虑不受势能约束的自由粒子，其能量即为其动能，也就是

$$E = \frac{1}{2}mv^2 = \frac{p^2}{2m} \tag{5.76}$$

两边同时乘以波函数 $\psi(\boldsymbol{r},t)$：

$$E\psi = \frac{p^2}{2m}\psi \tag{5.77}$$

将式 (5.73) 和式 (5.74) 代入式 (5.77) 可得

$$i\hbar\frac{\partial\psi(\boldsymbol{r},t)}{\partial t} = -\frac{\hbar^2}{2m}\nabla^2\psi(\boldsymbol{r},t) \tag{5.78}$$

这就是自由粒子的薛定谔方程。

若粒子是在一个势能场中运动，则粒子的能量是动能与势能的和，也就是

$$E = \frac{p^2}{2m} + V \tag{5.79}$$

式中，V 为粒子的势能。

式 (5.78) 扩展为带势能场的粒子的薛定谔方程，即

$$i\hbar\frac{\partial\psi(\boldsymbol{r},t)}{\partial t} = \left[-\frac{\hbar^2}{2m}\nabla^2 + V(\boldsymbol{r},t)\right]\Psi(\boldsymbol{r},t) \tag{5.80}$$

至此，我们就建立了粒子的薛定谔方程。引入哈密顿算子 (Hamilton operator) $\hat{H}$：

$$\hat{H} = -\frac{\hbar^2}{2m}\nabla^2 + V(\boldsymbol{r},t) \tag{5.81}$$

则式 (5.80) 可简化为

$$i\hbar\frac{\partial\Psi(\boldsymbol{r},t)}{\partial t} = \hat{H}\Psi(\boldsymbol{r},t) \tag{5.82}$$

式 (5.82) 是处于势场中的薛定谔方程。

本节中我们提到，在谈及动量 p 和能量 E 时，没有考虑相对论效应。如果粒子的运动接近于光速，则薛定谔方程不能严格成立，对速度和质量必须进行相对论效应校正。

如果粒子的运动接近于光速，则动量公式为

$$p = \frac{mv}{\sqrt{1-\left(\dfrac{v}{c}\right)^2}} \tag{5.83}$$

相应的，动能公式变为爱因斯坦能量-动量关系，即

$$E = \sqrt{p^2c^2 + m^2c^4} \tag{5.84}$$

对应的薛定谔方程则由狄拉克方程取代。由于超出本书范围，不再展开论述。

5.4.2 薛定谔方程的求解

本节讨论采用分离变量法求解薛定谔方程。要解的波函数 $\Psi(r,t)$ 中有两个变量 r、t，采用变量分离的方法。设波函数由时间和空间两个部分构成，即

$$\Psi(r,t) = \psi(r)T(t) \tag{5.85}$$

代入到薛定谔方程中后，得

$$i\hbar\frac{\partial}{\partial t}\big[\psi(r)T(t)\big] = \hat{H}\big[\psi(r)T(t)\big] \tag{5.86}$$

因为哈密顿算符 $\hat{H}$、$\Psi(r)$ 中都不含时，式(5.86)可以化简成：

$$i\hbar\psi(r)T'(t) = \hat{H}\psi(r)T(t) \tag{5.87}$$

两边同时除以 $\psi(r)T(t)$，得

$$i\hbar\frac{\mathrm{d}T(t)}{\mathrm{d}t}\frac{1}{T(t)} = \frac{\hat{H}\psi(r)}{\psi(r)} = E \tag{5.88}$$

式(5.88)中，我们假设这个方程的常量为 E，则左边的方程就变为

$$i\hbar\frac{\mathrm{d}T(t)}{\mathrm{d}t}\frac{1}{T(t)} = E \tag{5.89}$$

解得：$T(t) = c\mathrm{e}^{-\frac{i}{\hbar}Et}$。可以看到这部分和势能场的形式无关。右边的方程就变为

$$\left[-\frac{\hbar^2}{2m}\nabla^2 + V(r)\right]\psi(r) = E\psi(r) \tag{5.90}$$

当确认了 $V(r)$ 的具体表达式后，就可以解出 ψ 的具体形式。

由于式(5.90)不含时，形式又和薛定谔方程相似，所以被称为定态薛定谔方程。

最后，将时间和空间部分合并，薛定谔方程的解可以表示为

$$\Psi(r,t) = \psi(r)\mathrm{e}^{-\frac{i}{\hbar}Et} \tag{5.91}$$

称为薛定谔方程的本征解，其中 $\psi(r)$ 称为哈密顿算符 $\hat{H}$ 的本征函数，E 称为能量本征值。

5.4.3　本征值与本征态

1. 本征值与本征态的概念

当对一个物理对象测量其某个力学量时，能够得到该力学量确定的数值，将这个值称为这个力学量的本征值，同时，将具有本征值的粒子所处的量子态称为该力学量的本征态。

以能量本征态为例，一个粒子的波函数，通常是能量本征态的线性叠加（即级数和），这就是所谓“叠加态”，此时能量是不确定的。一旦我们去测量它的能量时，波函数就会随机坍缩到其中一个本征态上，此时能量就是确定的了。

不过需要注意的是，当粒子处于能量的某个本征态 $\phi_n(x)$，即具有确定的能量值 E_n 时，位置仍然是不确定的，此时位置的概率分布仍然由 $|\phi_n(x)|^2$ 计算。实际上原子核外各种形态的电子云对应了能量的不同本征态，准确地说是三维情形下的 $\phi_{nlm}(r,\theta,\varphi)$ 本征态。

本征态的概念可以推广到任意力学量。对于一个具体的物理对象，任意一个力学量 F 都会对应一组允许的本征值 F_n，也就是经典力学中可以被测量到的值和相应的本征态 f_n，当我们将 ψ 表示成这些本征态的级数和 $\psi = \sum_n k_n f_n$ 时，相应的系数的模方 $|k_n|^2$ 就是测得该力学量 $F=F_n$ 的概率。由此，我们就阐述了波函数是如何包含经典力学量的概率信息。

而在量子力学中，某个力学量的本征值和本征态信息，其实也完整描述了这个力学量本身，从这个意义上说，本征值和本征态就是“一个力学量的识别码”。

2. 本征态的叠加

在经典力学中，一个粒子处于势阱（potential trough）之中，那么它的运动就会被限制在势阱中，不能越过势垒（potential barrier），我们就称这样的粒子处于束缚态。在量子力学中，粒子也处于这样的束缚态，但有一定的概率出现在势阱之外。

一个一般的量子力学体系可以被概括成求解薛定谔方程与任意初始条件构成的初值问题：

$$\begin{cases} i\hbar \dfrac{\partial}{\partial t}\Psi(r,t) = \hat{H}\Psi(r,t) \\ \Psi(r,0) = f(r) \end{cases} \tag{5.92}$$

由上节解薛定谔方程的过程可以得知，薛定谔方程有两个部分，一部分关于时间，一部分关于空间。关于空间的函数 $\psi(r)$ 是哈密顿算符 $\hat{H}$ 的本征函数。在解方程时会发现这样的 $\psi(r)$ 不止一个，所以本征值也不止一个，也就是会有 n 个方程：

$$\hat{H}\psi_n(r) = E_n\psi_n(r) \tag{5.93}$$

$\psi(r)$ 加上时间部分 $e^{-\frac{i}{\hbar}E_n t}$ 后，有

$$\Psi_n(r,t) = \psi_n(r)e^{-\frac{i}{\hbar}E_n t} \tag{5.94}$$

因为要满足任意的初值条件，就要将 Ψ_n 按照一定的比例叠加起来，最终的波函数为

$$\Psi(r,t) = \sum_n c_n \Psi_n(r,t) = \sum_n c_n \psi(r) e^{-\frac{i}{\hbar} E_n t} \tag{5.95}$$

式中，c_n 为复常数。

要确定最后的解就必然需要求解复常数 c_n，在数理方程中求解最终系数的时候，会利用到将初始条件的函数进行傅里叶展开，然后利用三角函数系的正交性(orthogonality)来求解对应的系数。

$\psi(r)$ 具有像三角函数系正交性一样的性质。由于 $\psi(r)$ 是哈密顿算符的本征函数，而 $\hat{H}$ 是一个厄米算符(Hermitian operator)，它的本征函数具有正交性：

$$\int \psi_m^* \psi_n dr = \delta_{mn} \tag{5.96}$$

也就是只有当 $m=n$ 的时候，左边的积分才等于 1。利用这个性质就可以来求 c_n 的大小。

首先令 $t=0$，且

$$\Psi(r,0) = f(r) = \sum_n c_n \psi_n(r)$$

在两边同时乘以 $\psi_m^*(r)$ 后再积分：

$$\int f(r) \psi_m^* dr = \int c_n \psi_n \psi_m^* dr = c_n \delta_{mn} \tag{5.97}$$

即

$$c_n = \int \psi_r^*(r) f(r) dr$$

总结一下，只要知道了 $\hat{H}$ 的本征函数就可以求得常数 c_n，再加上时间部分，就可以得到薛定谔方程满足初始条件的解。由此，薛定谔方程初值问题的求解也就可以归结为哈密顿算符的本征值问题。

引用一个定理：如果算符 $\hat{F}$ 有本征方程 $\hat{F}\psi = \lambda\psi$，那么就有 $f(\hat{F})\psi = f(\lambda)\psi$。根据这个定理有

$$e^{-\frac{i}{\hbar}\hat{H}t} \psi_n(r) = e^{-\frac{i}{\hbar}E_n t} \psi_n(r)$$

$$\Psi(r,t) = \sum_n c_n \psi_n(r) e^{-\frac{i}{\hbar}E_n t} = \sum_n c_n \psi_n(r) e^{-\frac{i}{\hbar}\hat{H}t} \tag{5.98}$$

$$= e^{-\frac{i}{\hbar}\hat{H}t} \sum_n c_n \psi_n(r) = e^{-\frac{i}{\hbar}\hat{H}t} \Psi(r,0)$$

这正是波函数的时间演化，$e^{-\frac{i}{\hbar}\hat{H}t}$ 是时间演化算符。

式(5.98)说明，薛定谔方程的一种形式解可以写成时间演化算符对初始波函数的作用，对具体问题来说，只要将初始波函数按照 $\hat{H}$ 的本征函数展开就可以得到一般解。

3. 自由粒子的波函数

在量子力学中，自由粒子"弥散"在空间各处，可以在任何位置发现它。由于不受外界限制，自由粒子的能量是连续变化的，称为连续谱。但是束缚态的能量是随机分立的，非连续的。对应于"束缚态"这个状态，此时的粒子处于"散射态"。下面来解决自由粒子一般情况下的初值问题。

因为自由粒子不受外界的影响，势能项 $V(r)$ 不存在，只考虑一维的情况，那么初值问题变为

$$
\begin{cases}
i\hbar \dfrac{\partial}{\partial t}\Psi = -\dfrac{\hbar^2}{2m}\dfrac{\partial^2}{\partial x^2}\Psi \\[2mm]
\Psi(x,0) = f(x)
\end{cases}
\tag{5.99}
$$

这个方程的解肯定也具有薛定谔方程解的结构：

$$
\Psi_p = \psi_p e^{-\frac{i}{\hbar}Et}
$$

前面的 ψ_p 是定态薛定谔方程 $\hat{H}\psi = E\psi$ 的解。由于 $V(x)=0$，所以 $\hat{H} = -\dfrac{\hbar^2}{2m}\dfrac{\partial^2}{\partial x^2}$，$E = \dfrac{p^2}{2m}$。定态薛定谔方程 $-\dfrac{\hbar^2}{2m}\dfrac{\partial^2}{\partial x^2}\psi = \dfrac{p^2}{2m}\psi$ 的解为

$$
\psi_p = A e^{\frac{i}{\hbar}px}
\tag{5.100}
$$

式中，A 为归一化常数，也就是粒子在各处出现的概率都是相同的，$A = \dfrac{1}{\sqrt{2\pi\hbar}}$。这样就解完了偏微分方程，下一步就是要使得解满足任意的初始条件 $f(x)$。

还是用到叠加原理，只不过这里的 ψ_p 不再是分立的了，原来的求和要变为积分，原来的常数 c_n 要变成一个和 p 有关的函数 $c(p)$。

$$
\Psi = \sum c_p \Psi_p \Rightarrow \int_{-\infty}^{+\infty} c(p)\Psi_p \mathrm{d}p
$$

令 $t=0$，有

$$
f(x) = A\int_{-\infty}^{+\infty} c(p) e^{\frac{i}{\hbar}px}\mathrm{d}p
$$

下面凑一个傅里叶变换的结构：

$$
f(x) = A\int_{-\infty}^{+\infty} c(p) e^{i\left(\frac{p}{\hbar}\right)x}\hbar\mathrm{d}\left(\frac{p}{\hbar}\right) = \frac{1}{2\pi}\int_{-\infty}^{+\infty} 2\pi A\hbar c(k) e^{ikx}\mathrm{d}k
\tag{5.101}
$$

也就是说 $f(x)$ 是 $2\pi A\hbar c(p)$ 的傅里叶逆变换：

$$
2\pi A\hbar c(k) = \int_{-\infty}^{+\infty} f(x) e^{-ikt}\mathrm{d}k
$$

$$
c(k) = \frac{1}{2\pi A\hbar}\int_{-\infty}^{+\infty} f(x) e^{-ikt}\mathrm{d}k
$$

$$
A = \frac{1}{\sqrt{2\pi\hbar}}
$$

综上所述：

$$
c(k) = \sqrt{\frac{1}{2\pi\hbar}}\int_{-\infty}^{+\infty} f(x) e^{-ikt}\mathrm{d}k
\tag{5.102}
$$

$$
\Psi(x,t) = \sqrt{\frac{1}{2\pi\hbar}}\int_{-\infty}^{+\infty} c(k) e^{\frac{i}{\hbar}(px-Et)}\mathrm{d}p = \sqrt{\frac{\hbar}{2\pi}}\int_{-\infty}^{+\infty} c(k) e^{i\left(kx-\frac{\hbar}{2m}k^2\right)}\mathrm{d}k
\tag{5.103}
$$

对于特定的初始条件，先求出 $c(k)$，再代入上面的积分求出自由粒子波函数（又称为自由粒子波包）即可。

5.4.4 波函数的性质

1. 波函数的归一性

薛定谔方程中的 $\Psi(r,t)$ 是一个关于时间和位置的函数，它的物理意义在薛定谔看来是通常意义上的经典波。但是对波函数的物理意义，玻尔的哥本哈根学派具有完全不同的解释，他们认为波函数的波是"几率波"，具体来说就是，波函数模的平方 $|\Psi(r,t)|^2$ 表征粒子在 (r,t) 时空出现的概率。

一个薛定谔方程的解，若对应真实的物理情况，则一定能被归一化。并且可证明一个初始时刻归一化的波函数，按照薛定谔方程随时间演化时，仍然保持归一化。薛定谔方程中对时间求导为一阶，对空间求导为二阶，不可能满足相对论协变性，也即薛定谔方程只能描述非相对论性的粒子运动。

波函数归一化的特性，即粒子在全空间出现的概率肯定是 1，即 $\int_\infty |\Psi(r,t)|^2 \mathrm{d}r = 1$，当 $r \to \infty$ 时，$\Psi(r,t) \to 0$。还要说明，如果波函数在 $t=0$ 的时刻归一，那么在任意时刻波函数都归一，即

$$\int_\infty \Psi(r,0)\mathrm{d}r = 1 \Rightarrow \int_\infty \Psi(r,t)\mathrm{d}r = 1 \tag{5.104}$$

这个结论是显然的，在 $\int_\infty |\Psi(r,t)|^2 \mathrm{d}r = 1$ 中代入 $t=0$ 即可。

注意，这里的波函数只是具有概率解释的波函数而已，并不是通过解薛定谔方程得到的波函数，可能没有实际意义，但是它满足的归一性有很好的性质。

以一维薛定谔方程为例，要证明由薛定谔方程得到的波函数的归一性不随着时间变化，也就是要证明：

$$\frac{\mathrm{d}}{\mathrm{d}t}\int_\infty |\Psi|^2 \mathrm{d}x = 0$$

$$\int_\infty \frac{\partial}{\partial t}|\Psi|^2 \mathrm{d}x = 0$$

$$\int_\infty \frac{\partial}{\partial t}(\Psi^*\Psi)\mathrm{d}x = 0$$

$$\int_\infty \left(\frac{\partial \Psi^*}{\partial t}\Psi + \Psi^*\frac{\partial \Psi}{\partial t}\right)\mathrm{d}x = 0$$

式中，Ψ^* 为波函数的共轭函数。

将一维情况下的薛定谔方程变形，可得

$$\frac{\partial \Psi}{\partial t} = \frac{i\hbar}{2m}\frac{\partial^2 \Psi}{\partial x^2} - \frac{i}{\hbar}V(x)\Psi$$

取它的复共轭式，可得

$$\frac{\partial \Psi^*}{\partial t} = -\frac{i\hbar}{2m}\frac{\partial^2 \Psi^*}{\partial x^2} + \frac{i}{\hbar}V(x)\Psi^*$$

把这两个式子代入 $\int_\infty\left(\dfrac{\partial\Psi^*}{\partial t}\Psi+\Psi^*\dfrac{\partial\Psi}{\partial t}\right)\mathrm{d}x$ 中，可以消去没有偏导的项，最终得

$$\int_\infty\frac{i\hbar}{2m}\left(\frac{\partial^2\Psi}{\partial x^2}\Psi^*-\Psi\frac{\partial^2\Psi^*}{\partial x^2}\right)\mathrm{d}x$$

$$=\int_\infty\frac{i\hbar}{2m}\left[\left(\frac{\partial^2\Psi}{\partial x^2}\Psi^*+\frac{\partial\Psi}{\partial x}\frac{\partial\Psi^*}{\partial x}\right)-\left(\Psi\frac{\partial^2\Psi^*}{\partial x^2}+\frac{\partial\Psi}{\partial x}\frac{\partial\Psi^*}{\partial x}\right)\right]\mathrm{d}x$$

$$=\int_\infty\left[\frac{i\hbar}{2m}\frac{\partial}{\partial x}\left(\frac{\partial\Psi}{\partial x}\Psi^*-\Psi\frac{\partial\Psi^*}{\partial x}\right)\right]\mathrm{d}x$$

$$=\frac{i\hbar}{2m}\left(\frac{\partial\Psi}{\partial x}\Psi^*-\Psi\frac{\partial\Psi^*}{\partial x}\right)\Bigg|_{-\infty}^{+\infty}$$

由于波函数在无穷远处趋于 0，上面这个积分值为 0，也就是

$$\frac{\mathrm{d}}{\mathrm{d}t}\int_\infty|\Psi|^2\,\mathrm{d}x=\int_\infty\left(\frac{\partial\Psi^*}{\partial t}\Psi+\Psi^*\frac{\partial\Psi}{\partial t}\right)\mathrm{d}x=\frac{i\hbar}{2m}\left(\frac{\partial\Psi}{\partial x}\Psi^*-\Psi\frac{\partial\Psi^*}{\partial x}\right)\Bigg|_{-\infty}^{+\infty}=0$$

即满足薛定谔方程的波函数归一化性质。

对于一维显含时的波函数 $\Psi_n(x,t)$，即满足一维薛定谔方程的含时束缚态解为

$$\Psi_n(x,t)=\psi_n(x)\mathrm{e}^{-\frac{i}{\hbar}E_nt}$$

令 $t=0$，$\Psi_n(x,0)=\psi_n(x)$，两边取模的平方对 $(-\infty,\infty)$ 进行积分，如果 $\Psi_n(x,0)$ 满足归一化条件的话，那么就可以得到 $\psi_n(x)$ 也是归一化的，即

$$\int_{-\infty}^{\infty}|\psi_n(x)|^2\,\mathrm{d}x=1$$

进而，如果 $\psi_n(x)$ 满足平方可积条件：$x\to\pm\infty,\psi_n(x)\to0$ 。

实例：已知某粒子的波函数如下，且 a,ω 都是已知常数，求 A。

$$\Psi(x,t)=A\exp\left(-\frac{1}{2}ax^2\right)\mathrm{e}^{-i\omega t}\quad(-\infty<x<\infty)$$

解：按照归一化的条件：$\displaystyle\int_{-\infty}^{\infty}|\Psi(x,t)|^2\,\mathrm{d}x=1$，有

$$|A|^2=\frac{1}{\displaystyle\int_{-\infty}^{\infty}\left|\exp\left(-\frac{1}{2}ax^2\right)\mathrm{e}^{-i\omega t}\right|^2\mathrm{d}x}=\frac{1}{\displaystyle\int_{-\infty}^{\infty}\mathrm{e}^{-ax^2}\,\mathrm{d}x}=\left(\frac{a}{\pi}\right)^{1/2}$$

归一化常数的位相没有物理意义，所以此刻就取它的实数值：

$$A=\left(\frac{a}{\pi}\right)^{1/4}$$

所以有

$$\Psi(x,t)=\left(\frac{a}{\pi}\right)^{1/4}\exp\left(-\frac{1}{2}ax^2\right)\mathrm{e}^{-i\omega t}$$

上式即为一维波函数的解。

2. 能级非简并性

非简并性指的是两个不同的束缚态 ψ_m, ψ_n 对应的能量 $E_m \neq E_n$。换句话说，如果 $E_m = E_n$，那么 ψ_m, ψ_n 描述的必是同一状态。

证明需要先写出 ψ_m, ψ_n 满足的方程：

$$\frac{2m^2}{\hbar}(E_m - V)\psi_m = -\frac{\mathrm{d}^2}{\mathrm{d}x^2}\psi_m \tag{5.105}$$

$$\frac{2m^2}{\hbar}(E_n - V)\psi_n = -\frac{\mathrm{d}^2}{\mathrm{d}x^2}\psi_n \tag{5.106}$$

为了使势能函数 V 的系数相等，在式(5.105)两边乘 ψ_n，在式(5.106)两边乘 ψ_m，然后两式相减，可得

$$\frac{2m^2}{\hbar}(E_m - E_n)\psi_m\psi_n = \frac{\mathrm{d}^2\psi_n}{\mathrm{d}x^2}\psi_m - \frac{\mathrm{d}^2\psi_m}{\mathrm{d}x^2}\psi_n = \frac{\mathrm{d}}{\mathrm{d}x}\left(\frac{\mathrm{d}\psi_n}{\mathrm{d}x}\psi_m - \frac{\mathrm{d}\psi_m}{\mathrm{d}x}\psi_n\right)$$

假设 $E_m = E_n$，则

$$\frac{\mathrm{d}}{\mathrm{d}x}\left(\frac{\mathrm{d}\psi_n}{\mathrm{d}x}\psi_m - \frac{\mathrm{d}\psi_m}{\mathrm{d}x}\psi_n\right) = 0$$

$$\frac{\mathrm{d}\psi_n}{\mathrm{d}x}\psi_m - \frac{\mathrm{d}\psi_m}{\mathrm{d}x}\psi_n = 常数$$

当 $x \to +\infty$ 时，由于 ψ_n 的性质，左边会趋于 0，所以这个常数只能为 0，即

$$\frac{\mathrm{d}\psi_n}{\mathrm{d}x}\psi_m - \frac{\mathrm{d}\psi_m}{\mathrm{d}x}\psi_n = 0$$

两边同时除以 $\psi_m\psi_n$，得

$$\frac{1}{\psi_m}\frac{\mathrm{d}\psi_m}{\mathrm{d}x} = \frac{1}{\psi_n}\frac{\mathrm{d}\psi_n}{\mathrm{d}x}$$

$$\frac{\mathrm{d}}{\mathrm{d}x}\big[\ln(\psi_n)\big] = \frac{\mathrm{d}}{\mathrm{d}x}\big[\ln(\psi_m)\big]$$

$$\frac{\mathrm{d}}{\mathrm{d}x}\left[\ln\left(\frac{\psi_n}{\psi_m}\right)\right] = 0$$

$$\psi_n = A\psi_m$$

也就是说 $E_m = E_n$ 的前提下，ψ_m, ψ_n 只相差一个常系数，故它们描述的是同一个状态。同一个能级只对应一个波函数，这叫作能级是非简并的。

3. 本征函数为实函数

这里本征函数为实函数的意思不是说本征函数本身一定是实函数，而是指可以通过一定的变形使得所有的本征函数都变成实函数。先写出薛定谔方程的共轭式：

$$\frac{2m^2}{\hbar}(E_m - V)\psi_m^* = -\frac{\mathrm{d}^2\psi_m^*}{\mathrm{d}x^2}$$

这里利用的 E_m 是实数的结论(实数的共轭还是它本身)，也就是说 ψ_m 和 ψ_m^* 对应的是同一个能级的两个波函数，它们两个只相差一个常系数 A，即 $\psi_m^* = A\psi_m$。

上面的式子两边取共轭，得

$$\psi_m = A^* \psi_m^* = |A|^2 \psi_m$$

所以 $|A|^2 = 1$，$A = e^{\delta i}$，δ 是一个与 x 无关的系数。

$$\psi_m^* = e^{\delta i} \psi_m$$

$$\psi_m^* \cdot \psi_m = |\psi_m|^2 = e^{\delta i} \psi_m \cdot \psi_m$$

$$\psi_m = e^{-\frac{\delta}{2}i} |\psi_m|$$

这表示能量 E_m 的本征函数 ψ_m 和实函数 $|\psi_m|$ 只相差一个相因子，每个本征函数都可以通过乘上相因子的方式变成一个实函数。这也意味着，本征函数的归一性质可以不取绝对值，直接写为

$$\int_{-\infty}^{\infty} \psi_n^2(x) dx = 1$$

4. 本征函数具有正交性

由上可知：

$$\frac{2m^2}{\hbar}(E_m - E_n)\psi_m \psi_n = \frac{d}{dx}\left(\frac{d\psi_n}{dx}\psi_m - \frac{d\psi_m}{dx}\psi_n\right)$$

对两边求 x 的积分：

$$\frac{2m^2}{\hbar}(E_m - E_n)\int_{-\infty}^{\infty} \psi_m \psi_n dx = \left(\frac{d\psi_n}{dx}\psi_m - \frac{d\psi_m}{dx}\psi_n\right)\Big|_{-\infty}^{\infty} = 0$$

当 $E_m \neq E_n$ 时，左边的系数可以全部除掉，得

$$\int_{-\infty}^{\infty} \psi_m \psi_n dx = 0 \quad (m \neq n)$$

$m = n$ 的情况下，$\int_{-\infty}^{\infty} \psi_n \psi_n dx = \int_{-\infty}^{\infty} \psi_n^2 dx = 1$

合并后为

$$\int_{-\infty}^{\infty} \psi_m \psi_n = \delta_{mn}$$

这就是束缚态的本征函数的正交归一表达式。

值得注意的是，先前求解薛定谔方程通解的时候用到的正交归一表达式为

$$\int_{-\infty}^{\infty} \psi_m^* \psi_n = \delta_{mn}$$

它利用到的是厄密算符的本征函数的性质。

5. 本征函数具有完备性

假定一个连续的函数 $f(x)$ 可以按照束缚态函数集合 $\{\psi_n(x)\}$ 展开为

$$f(x) = \sum_n c_n \psi_n(x)$$

这个式子描述的是 $\{\psi_n(x)\}$ 的完备性。

6. 本征函数具有封闭性

利用 ψ_n 的正交归一性:

$$c_n = \int_{-\infty}^{\infty} f(x)\psi_n(x)\mathrm{d}x$$

再将系数代回 $f(x)$ 的展开式中:

$$f(x) = \sum_n \int_{-\infty}^{\infty} \left[f(x')\psi_n(x')\mathrm{d}x' \right] \psi_n(x) = \int_{-\infty}^{\infty} f(x') \left[\sum_n \psi_n(x')\psi_n(x) \right] \mathrm{d}x'$$

这里发现 $\sum_n \psi_n(x')\psi_n(x)$ 的作用和 $\delta(x-x')$ 一样,即

$$\sum_n \psi_n(x')\psi_n(x) = \delta(x-x')$$

这个式子描述了正交归一函数集 $\{\psi_n(x)\}$ 的封闭性。

由封闭性的推导过程可以看出,函数集的封闭性来自它的完备性和正交归一性。换句话说,只要一个函数可以按某个函数集展开,这个函数集又是正交归一的,那么这个函数集一定具有封闭性。

5.5 氢原子的薛定谔方程和求解

5.5.1 氢原子的薛定谔方程

氢原子中有两个带电粒子,质子与电子,对于氢原子的核外电子而言,原子核对它所产生的库仑势是球对称的,也就是空间中某点的势能只与它到势场中心的距离有关。

假设核电荷数为 Z,对于氢原子 Z=1,电子的电荷为−1,电子与质子之间的距离为 r,电子电量为 e。那么电子静电势能为

$$V = -\frac{Ze^2}{4\pi\varepsilon_0 r} = -\frac{e^2}{4\pi\varepsilon_0 r} \tag{5.107}$$

考虑氢原子的动能部分,由于质子的质量远远大于电子(将近 2000 倍,对于其他的单电子原子,例如 He 粒子都可以沿用这种设定),电子和质子的运动情况可以看作电子围绕质子运动,将坐标系原点设定在质子上,电子的动能可用哈密顿算符表示,氢原子的薛定谔方程为

$$\left(-\frac{\hbar^2}{2m}\nabla^2 - \frac{e^2}{4\pi\varepsilon_0 r} \right)\psi = E\psi \tag{5.108}$$

在《岩石中离子导电与介电》中提到,量子力学的方程中,物理量通常采用原子单位制(a.u.),则有: $V = -\dfrac{1}{r}$。

采用原子单位表达,氢原子的薛定谔方程大大简化,即

$$\left(-\frac{1}{2}\nabla^2 - \frac{1}{r} \right)\psi = E\psi \tag{5.109}$$

以方程(5.109)为基础，采用变分法求解氢原子的薛定谔方程。为了便于求解，采用球坐标系，自变量 x,y,z 变为 r,θ,ϕ，将方程(5.109)改写为球坐标系形式。

球坐标系下，薛定谔方程表达为

$$\left\{-\frac{\hbar^2}{2m}\left[\frac{1}{r^2}\frac{\partial}{\partial r}\left(r^2\frac{\partial}{\partial r}\right)+\frac{1}{r^2\sin\theta}\frac{\partial}{\partial\theta}\left(\sin\theta\frac{\partial}{\partial\theta}\right)+\frac{1}{r^2\sin^2\theta}\frac{\partial^2}{\partial\phi^2}\right]-\frac{Ze^2}{4\pi\varepsilon_0 r}\right\}\psi=E\psi \quad (5.110)$$

将方程(5.110)分离成三个单一变量的方程，就可以进行求解。

5.5.2　氢原子的薛定谔方程求解

将波函数 $\psi(r,\theta,\phi)$ 分解为关于 r,θ,ϕ 的三个函数的乘积：

$$\psi(r,\theta,\phi)=R(r)\Theta(\theta)\Phi(\phi)$$

其中，$R(r)$，$\Theta(\theta)$，$\Phi(\phi)$ 分别满足以下三个常微分方程：

$$\frac{1}{r^2}\frac{\mathrm{d}}{\mathrm{d}r}\left(r^2\frac{\mathrm{d}R}{\mathrm{d}r}\right)+\left[\frac{2m}{\hbar^2}\left(E+\frac{Ze^2}{4\pi\epsilon_0 r}\right)-\frac{\lambda}{r^2}\right]R=0 \quad (5.111)$$

$$\frac{1}{\sin\theta}\frac{\mathrm{d}}{\mathrm{d}\theta}\left(\frac{\sin\theta\mathrm{d}\Theta}{\mathrm{d}\theta}\right)+\left(\lambda-\frac{m^2}{\sin^2\theta}\right)\Theta=0 \quad (5.112)$$

$$\frac{\mathrm{d}^2\Phi}{\mathrm{d}\phi^2}+m^2\Phi=0 \quad (5.113)$$

为了使波函数满足平方可积的条件，可以得到 $\lambda=l(l+1)$，$m_e=0,\pm1,\pm2,\cdots,\pm l$，其中 l 和 m_e 是整数(很多文献将磁量子数写为 m，此处为了和质量数 m 区分，记为 m_e)，分别称为轨道角动量量子数和磁量子数。最终可以得到氢原子的能量本征值为

$$E_n=-\frac{me^4}{\left(4\pi\epsilon_0\right)^2 2\hbar^2 n^2},\quad n=1,2,3,\cdots$$

式中，n 为正整数，称为主量子数。能级 E_n 也可以另外表示为

$$E_n=-\frac{1}{2}mc^2\left(\frac{e^2}{4\pi\epsilon_0\hbar c}\right)^2\frac{1}{n^2}=-\frac{1}{2n^2}mc^2\alpha^2 \quad (5.114)$$

式中，$\alpha=\dfrac{e^2}{4\pi\epsilon_0\hbar c}\approx\dfrac{1}{137}$，是宇宙结构常数；$mc^2\approx0.511\mathrm{MeV}$，是电子的静能量。故而可以进一步得到氢原子能级为

$$E_n=-\frac{1}{n^2}\times13.6\mathrm{eV}$$

径向波函数 $R_{nl}(r)$ 和角向波函数 $Y_{lm_e}(\theta,\phi)$ 分别为

$$R_{nl}(r)=N_{nl}\mathrm{e}^{-\frac{Z}{na}r}\left(\frac{2Z}{na}r\right)^l L_{n+l}^{2l+1}\left(\frac{2Z}{na}r\right) \quad (5.115)$$

$$Y_{lm_e}(\theta,\phi) = (-1)^{m_e} \sqrt{\frac{(2l+1)(l-m_e)!}{4\pi(l+m_e)!}} P_l^{m_e}(\cos\theta) e^{i\phi m_e} \tag{5.116}$$

式中，a 为氢原子玻尔半径，而类氢原子中由于中心粒子带电量 Z 更大，电子受到吸引力更强，有效玻尔半径减小，为 $\dfrac{a}{Z}$，同时能量正比于 $-\dfrac{Ze^2}{8\pi\varepsilon_0\left(\dfrac{a}{Z}\right)}$，故而类氢原子能级正比

于 Z^2；$P_l^{m_e}(\cos\theta)$ 为伴随勒让德多项式；$L_{n+l}^{2l+1}(\rho)$ 为缔合拉盖尔多项式。

氢原子电子的特征函数为

$$\psi(r,\phi,\theta) = N\rho^l\, e^{-\frac{\rho}{2}} \frac{d^{2l+1}L}{d\rho^{2l+1}} P_l^m(\cos\theta) e^{im\phi}$$

5.5.3 氢原子能量理论计算

基态氢原子的含时波函数为

$$\Psi(r,t) = \psi_{100}(r)\exp\left(-\frac{i}{\hbar}E_1 t\right) \tag{5.117}$$

式中，E_1 为氢原子的能量，是基态本征函数(代表 H 的 s 轨道)。

$$\psi_{100}(r) = \frac{1}{\sqrt{\pi a^3}}\exp\left(-\frac{r}{a}\right) \tag{5.118}$$

求动能和势能 $V = -\dfrac{e^2}{r}$ 的平均值，以及总能量。

按照上面的算符随时间演化的不变性可以知道，动能算符也不随时间变化，所以可以使用动能的算符：

$$\hat{T} = -\frac{\hbar^2}{2m}\nabla^2$$

波函数初始时刻的期望值和 t 时刻也不变，所以就直接用初始时刻的期望值来计算：

$$\langle\hat{T}\rangle = \iiint \Psi^*(r,t)\left(-\frac{\hbar^2}{2m}\nabla^2\right)\Psi(r,t)dr = \iiint \psi_{100}^*(r)\left(-\frac{\hbar^2}{2m}\nabla^2\right)\psi_{100}(r)dr \tag{5.119}$$

在平面直角坐标系中：$r = \sqrt{x^2+y^2+z^2}, r = x\boldsymbol{i}+y\boldsymbol{j}+z\boldsymbol{k}$，但是，按照平面直角坐标系特别难以求解。

由于本征函数 $\psi_{100}(r)$ 是球形(s 轨道是球形的)，所以用球坐标中的拉普拉斯算符方便一些。对于 s 轨道，球坐标的拉普拉斯算子进一步简化为

$$\nabla^2 = \frac{1}{r^2}\frac{\partial}{\partial r}\left(r^2\frac{\partial}{\partial r}\right)$$

代入可得

$$\langle\hat{T}\rangle = \iiint \psi_{100}^*(r)\left[-\frac{\hbar^2}{2m}\frac{1}{r^2}\frac{\partial}{\partial r}\left(r^2\frac{\partial}{\partial r}\right)\right]\psi_{100}(r)dr \tag{5.120}$$

这里, $dr = r^2 \sin\theta d\theta d\phi$,注意到:

$$\int_{\theta=0}^{\pi}\int_{\phi=0}^{2\pi}\sin\theta d\theta d\phi = 4\pi$$

将 $\psi_{100}(r) = \dfrac{1}{\sqrt{\pi a^3}}\exp\left(-\dfrac{r}{a}\right)$ 代入可以计算得

$$\langle \hat{T} \rangle = \frac{4}{a^3}\int_0^{\infty} r^2 \exp\left(-\frac{r}{a}\right)\left[-\frac{\hbar^2}{2m}\frac{1}{r^2}\frac{\partial}{\partial r}\left(r^2\frac{\partial}{\partial r}\right)\right]\exp\left(-\frac{r}{a}\right)$$

$$= -\frac{2\hbar^2}{ma^3}\int_0^{\infty}\exp\left(-\frac{r}{a}\right)\left[-\frac{1}{a}\left(2r-\frac{r^2}{a}\right)\right]\exp\left(-\frac{r}{a}\right)dr$$

$$= \frac{2\hbar^2}{ma^4}\int_0^{\infty}\left(2r-\frac{r^2}{a}\right)\exp\left(-\frac{2r}{a}\right)dr$$

$$= \frac{e^2}{2a} = \frac{me^4}{2\hbar^2}$$

势能的平均值可以利用分布函数 $\left|\Psi(r,t)\right|^2 = \left|\psi(r)\right|^2$ 来计算:

$$\langle V \rangle = \int_0^{\infty}\left(-\frac{e^2}{r}\right)\left|\psi(r)\right|^2 dr$$

$$= \int_0^{\infty}\left(-\frac{e^2}{r}\right)\frac{4}{a^3}r^2\exp\left(-\frac{2r}{a}\right)dr$$

$$= -4\frac{e^2}{a^3}\int_0^{\infty} r\exp\left(-\frac{2r}{a}\right)dr$$

$$= -\frac{e^2}{a} = -\frac{me^4}{\hbar^2}$$

所以氢原子的总能量就是: $E_1 = \langle \hat{T} \rangle + \langle V \rangle = -\dfrac{me^4}{2\hbar^2}$ 。这个结果与玻尔的理论是相同的。

5.6 微纳孔多场力作用下流体方程

行文至此,我们需要做一个小结。本书的核心是讨论微纳孔隙空间中流体粒子受力及其运移规律。微纳孔隙空间中的流体介质受到分子力(范德瓦尔斯力)、Zeta 电势力、孔隙压力(是地应力与孔隙流体液柱压力的合力)以及外加电磁场力,正是在这些力的共同作用下,产生吸附、扩散、电泳、电渗析以及运移等运动。这是一个跨尺度、跨时空极其复杂的运动。其空间跨度是 $10^{-10}\sim 10^6$ m,即分子尺度到几千公里,其时间跨度是 10^{-12} s $\sim 10^8$ y(y 表示年),即从电子跃迁的皮秒到流体宏观运移的亿万年时间。其运动方程要有薛定谔方程、微渗流方程、纳维-斯托克斯场方程以及麦克斯韦方程进行跨尺度方程求解。

5.6.1 场对孔隙介质的作用机理分析

页岩孔隙介质中电磁场传播研究的一个重要方面是电磁场与孔隙中阴阳离子、水分子和油气分子的相互作用机理。这些相互作用会影响介质的介电常数、电导率、极化率等参数，从而影响电磁波在介质中的衰减和相位变化。溶解在地层水中的阴阳离子在电磁场中可参与导电。没有溶解在水中的晶体通过离子极化方式参与介电，增加地层水的电导率和介电常数，一般离子极化发生在相对低频的波段。水分子在电磁场中会发生取向极化，使水的介电常数增加，并影响电磁波的传播速度和反射系数。水分子的取向极化具有频散特征，一般在高频段，特别是微波段表现得更明显。呈链状或环状结构的烃类为非偶极分子，它在电磁场中会发生电子云畸变极化，即分子的正负电荷中心会在电场作用下发生拉伸或压缩，但是阴阳离子的位移是纳米量级的。相对于水分子的变化来讲，油气分子介电常数的变化是很小的。油气分子的电子云畸变极化一般发生在低频段，如无线电波段表现得相对明显。变形极化的大小与油气分子的极化率和电场的强度成正比。由于油气分子本身没有偶极矩，因此它们对电磁波的传播特性影响较小，主要表现为增加介质的介电常数。此外，电磁场作用下，分子、电子和离子的振动、转动都会在量子水平上发生变化，量子效应的累积，将使得介质的电学性质，甚至其他的物理性质(如分子吸附、解析、扩散等)发生宏观变化。

1. 电磁场与孔隙介质作用方式及特征

岩石的介电常数涉及四种不同的介质或界面，包括岩石骨架、孔隙流体、岩石内部界面极化以及岩石外表面处界面极化等。黏土矿物具有双电层结构，可以提供少量导电离子，并且黏土矿物具有较小的颗粒，使得界面极化增强，极化的频率向高频端移动。中低频介电测井必须做泥质校正，黏土的影响最高可到几十兆赫兹。盐水也能够使岩石的界面极化增强，盐水的矿化度越高，岩石界面极化的频率越高，两者呈线性关系。因为矿化度越高，溶液的电导率越大，而界面极化的频率与电导率成正比。含油岩石和干燥岩石一样，在 100Hz～15MHz 频散范围内，含油岩石和干燥岩石没有可导电的离子，界面极化不可能发生。

在页岩孔隙介质中，流体分子与电磁场之间存在着复杂的相互作用方式，主要包括以下几种。

(1)极化：电磁场与流体分子之间相互作用，使得流体分子在电场作用下产生电偶极矩。流体分子的极化程度取决于其极化率和电场强度，不同类型的流体分子有不同的极化率。水分子是一种强极性分子，其极化率远大于油气分子和阴阳离子，因此水分子对电磁场的传播有显著的影响。水分子的极化可以增加介质的介电常数和电导率，从而增加电磁场的衰减和色散。

(2)离解：也叫作电离，水分子的离解程度取决于其离解常数和电场强度。纯水是一种弱电解质，其离解程度很低，因此对电磁场的传播影响不大。盐水是一种强电解质，其离解程度很高，因此对电磁场的传播影响很大。水分子的离解可以增加介质中的自由电荷密度和自由电流密度，从而增加电磁场的衰减和色散。

（3）迁移：阴阳离子的迁移速度取决于其迁移率和电场强度，不同类型的阴阳离子有不同的迁移率。阴阳离子在迁移过程中会产生额外的自由电流密度，从而改变介质中的欧姆损耗和感应效应。阴阳离子的迁移还会导致介质中出现空间电荷积累和内部电场变化，从而改变介质中的非线性效应。

（4）弛豫：流体分子在交变电场作用下对外场的动态响应，流体分子在达到稳态之前经历的时间延迟过程。流体分子的弛豫时间取决于其弛豫频率和交变电场频率，不同类型的流体分子有不同的弛豫频率。水分子具有多种弛豫模式，其弛豫时间随着频率变化而呈现出多个峰值。油气分子和阴阳离子具有单一弛豫模式，其弛豫时间随着频率变化而呈现出单一峰值。流体分子的弛豫可以增加介质中的介电常数和电导率与频率之间的非线性关系，从而增加电磁场的色散和吸收。

2. 孔隙流体对电场响应的主要参数

以上四种相互作用机理都会影响页岩孔隙介质中的电磁场传播特性。为了量化这些影响，需要引入一些物理量来描述电磁场在页岩孔隙介质中的传播特性。

（1）波阻抗：描述电磁波在介质中传播时遇到的阻力的物理量，它定义为电场强度与磁场强度之比，即

$$Z = \frac{E}{H}$$

波阻抗反映电磁波在介质中的传输效率，当波阻抗与空气或真空中的波阻抗相等时，电磁波可以无反射地从空气或真空进入介质，反之则会产生反射。波阻抗受到介质的介电常数、磁导率和电导率的影响。

（2）反射系数：描述电磁波在两种不同介质的界面上发生反射时的强度比例的物理量，它定义为反射波与入射波强度之比，即

$$R = \frac{E_r}{E_i}$$

反射系数反映电磁波在界面上的能量损失，当反射系数为 0 时，电磁波可以完全透过界面，反射系数为 1，则会完全反射。反射系数受到两种介质的波阻抗和入射角的影响。

（3）衰减常数：这是描述电磁波在介质中传播时减弱程度的物理量，它定义为单位长度内电场强度或磁场强度衰减的百分比，即

$$\alpha = -\frac{1}{E}\frac{\mathrm{d}E}{\mathrm{d}x} = -\frac{1}{H}\frac{\mathrm{d}H}{\mathrm{d}x}$$

衰减常数反映电磁波在介质中的能量耗散，当衰减常数为零时，电磁波可以无损耗地在介质中传播。衰减常数受到介质的介电常数、磁导率和电导率以及电磁波频率的影响。

（4）相位常数：描述电磁波在介质中传播时相位变化的物理量，它定义为单位长度内电场强度或磁场强度相位变化的角度，即

$$\beta = \frac{1}{E}\frac{\mathrm{d}\phi_E}{\mathrm{d}x} = \frac{1}{H}\frac{\mathrm{d}\phi_H}{\mathrm{d}x}$$

相位常数反映电磁波在介质中的相位延迟，当相位常数为零时，电磁波可以无相位变

化地在介质中传播,反之则会产生相位滞后。相位常数受到介质的介电常数、磁导率和电导率以及电磁波频率的影响。

以上四种物理量都可用孔隙介质中电磁场传播的数学物理方程来计算,具体的计算方法和公式可以参考相关文献。此处不对这些物理量进行详细计算和分析,只给出一些定性的讨论:

(1)由于水分子的极化、离解和弛豫等效应,页岩孔隙介质中的介电常数和电导率会随着水相的体积分数、盐度和温度的增加而增加,从而导致波阻抗、反射系数、衰减常数和相位常数的增加。这意味着水相对电磁波的传播有不利的影响,会增加电磁波的反射和衰减,降低电磁波的透射和探测能力。

(2)由于油气分子的极化和弛豫等效应,页岩孔隙介质中的介电常数和电导率会随着油气相的体积分数、压力和温度的增加而增加,从而导致波阻抗、反射系数、衰减常数和相位常数的增加。这意味着油气相对电磁波的传播有不利的影响,会增加电磁波的反射和衰减,降低电磁波的透射和探测能力。

(3)由于阴阳离子的迁移等效应,页岩孔隙介质中的自由电荷密度和自由电流密度会随着阴阳离子相的体积分数、浓度和温度的增加而增加,从而导致波阻抗、反射系数、衰减常数和相位常数的增加。这意味着阴阳离子相对电磁波的传播有不利的影响,会增加电磁波的反射和衰减,降低电磁波的透射和探测能力。

综上所述,页岩孔隙介质中电磁场与流体分子之间存在着复杂的相互作用机理,它们对电磁场传播特性有显著的影响。为了更好地利用电磁场来探测和评价页岩孔隙介质中的流体分布和运动情况,需要深入理解这些相互作用机理,并建立合适的物理模型和数值方法来模拟这些相互作用过程。

5.6.2 微纳孔的渗流力

本小节将在前面讨论的基础上,考虑微纳孔隙结构环境下孔隙流体的受力情况,并建立包含多场力的运动方程。

当存在外加电磁场时,孔隙中的流体分子、孔隙中的阴阳离子将受到以下几种力的共同作用。

(1)孔隙压差:这是一种纯机械力,记为 P_p。

(2)电磁场力:或者叫库仑力,电场强度记为 E。

(3)Zeta 电势:吸引或排斥力,ζ。

(4)分子力:包括色散力、取向力、诱导力和氢键,记为 F_m。

取孔隙或裂缝中一个体积元 dV,如图 5.4 所示,流体所受到的力,可由下式表示:

$$F = P_p + F_m + E_1\rho_{fe} + E_2\rho_{be}$$

式中,E_1 为外加电磁场的强度;E_2 为 Zeta 电势的强度;ρ_{fe} 为流体的电荷密度;ρ_{be} 为双电层中参与形成 Zeta 电势的电荷的密度。

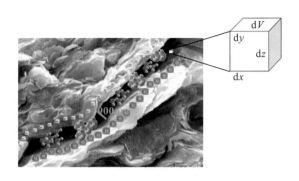

图 5.4　微纳空间流体体积元

一般情况下，流体的渗流方程由 N-S 方程表示：

$$\mu\nabla^2 v = \rho_f \frac{\partial v}{\partial t} + v \cdot \nabla v - \rho_f g + \nabla P_p \tag{5.121}$$

式中，ρ_f 为孔隙中流体的密度；P_p 为流体的孔隙压力；μ 为流体黏度。

当外场存在时，孔隙流体的体积元 $\mathrm{d}V$，将受到上述四种合力的作用，则式(5.121)中的孔隙压力 P_p 与流体中上述各种力的合力 F 达到平衡，因此，式(5.121)可修正为

$$\nabla F = \nabla(P_p + F_m + E_1 \rho_{fe} + E_2 \rho_{be}) = \mu\nabla^2 u - \rho_f \frac{\partial v}{\partial t} - v \cdot \nabla v \tag{5.122}$$

当存在外加电场时，孔隙中的流体将在合力 F 的作用下移动；而处在孤立孔缝及双电层中的流体则在电磁场力的作用下运动。式(5.122)综合孔隙压力、分子力、外场作用力和双电层 Zeta 电势共同作用，建立了微纳米孔隙结构中流体的渗流方程，式(5.122)就是页岩储层多场力流体渗流方程(fluid flow equation with multiple field forces)。

这四个力的作用范围和大小差异很大，孔隙压力 P_p 和外加电磁场强度 E_1 为宏观力，作用范围较大，强度较大；而分子力 F_m 和 Zeta 电势 E_2 为微观力，作用范围很小，强度也很小。但是，在粒子尺度，F_m 和 E_2 则起主要作用，对流体的运移速度影响较大。

分子力、外加电磁场强度以及双电层 Zeta 电势都与介质的电阻率和介电常数有关，根据上面的方程，则可以反演介质的电阻率和介电常数，从而分析岩石的电学性质。

5.6.3　孔隙流体的连续性方程

1. 微纳孔隙介质中场方程的建立

页岩储层由复杂的多孔结构和多相流体组成，使得其对电磁波的响应非常复杂。为了有效地利用电磁方法进行页岩油气勘探和评价，需要对页岩孔隙介质中电磁场的传播特性进行深入的了解。为了简化问题，我们假设页岩孔隙介质是各向同性、均匀、线性、无损耗的，且孔隙中的流体是不可压缩的。我们还假设电磁波的频率足够低，以至于可以忽略位移电流和磁感应效应，即采用准静态麦克斯韦方程近似。

(1) 极化状态下电流密度:

$$J = \sigma E + J_{\mathrm{m}} + J_{\mathrm{i}} \tag{5.123}$$

式中,σ 为电导率张量; J_{m} 为流体运动引起的感应电流密度; J_{i} 为离子迁移引起的迁移电流密度。

(2) 极化状态下电位移-电场关系:

$$D = \varepsilon E + P \tag{5.124}$$

式中,ε 为真空介电常数; P 为极化强度向量; E 为电场强度。

(3) 极化状态下磁感应-磁场关系:

$$B = \mu H + M \tag{5.125}$$

式中,B 为磁通密度; μ 为真空磁导率; M 为磁化强度向量; H 为磁场强度。

由于我们假设介质是无损耗的,因此电流密度只包括传导电流和极化电流两部分,即

$$J = \sigma E + \frac{\partial P}{\partial t} \tag{5.126}$$

式中,J 为电流密度; σ 为电导率; P 为极化强度。根据多孔介质理论,极化强度可以分解为固相极化和流体极化两部分,即

$$P = \phi P_{\mathrm{f}} + (1 - \phi) P_{\mathrm{s}} \tag{5.127}$$

式中,ϕ 为孔隙度; P_{f} 为流体极化强度; P_{s} 为固相极化强度。流体极化强度又可以分解为水分子极化、油气分子极化和离子极化三部分,即

$$P_{\mathrm{f}} = \epsilon_0 \left(\chi_{\mathrm{w}} E_{\mathrm{w}} + \chi_{\mathrm{o}} E_{\mathrm{o}} + \chi_{\mathrm{i}} E_{\mathrm{i}} \right) \tag{5.128}$$

式中,ϵ_0 为真空介电常数; χ_{w} 为水分子的电极化率; χ_{o} 为油气分子的电极化率; χ_{i} 为离子的电极化率; E_{w} 为水分子所受的局部电场强度; E_{o} 为油气分子所受的局部电场强度; E_{i} 为离子所受的局部电场强度。

孔隙中存在不同类型的流体和离子,并且它们之间存在相互作用和运动,因此局部电场强度并不等于外加电场强度。为了计算局部电场强度,需要引入有效介电常数的概念,并采用一些经验模型来描述它们与外加电场强度的关系。常用的经验模型有 Maxwell-Garnett 模型、Bruggeman 模型、Hanai 模型等。

将式(5.126)和式(5.127)代入式(5.122),并利用式(5.121)消去 B,可以得到以下形式的二阶偏微分方程:

$$\nabla^2 E - \frac{1}{c^2} \frac{\partial^2}{\partial t^2} \left(\epsilon_{\mathrm{rs}} E + \phi P_{\mathrm{f}} \right) = -\mu_0 \frac{\partial}{\partial t} \left(\sigma E + \frac{\partial P_{\mathrm{s}}}{\partial t} \right) \tag{5.129}$$

其中,c 是光速; ϵ_{rs} 是固相的相对介电常数; μ_0 是真空磁导率。这个方程描述了电场强度在孔隙介质中的传播规律,它涵盖了电磁波与多孔介质、流体极化和固相极化的相互作用。由于方程(5.129)是一个非线性、非齐次、含时的偏微分方程,因此求解起来非常困难。目前,常用的求解方法有有限差分法、有限元法等。这些方法都是基于数值离散化的方法,它们将连续的空间和时间域划分为离散的网格或单元,并将偏微分方程转化为代数方程组,然后利用迭代或直接求解器求解代数方程组,从而得到电场强度在每个网格或单元上的近似值。这些方法虽然可以处理复杂的几何形状和物理参数,但也存在一些缺点,如计算量大、存储量大、稳定性差、精度低等。

2. 页岩孔隙介质中固-液-气三相耦合方程

由于页岩孔隙介质中的流体运动和离子迁移会影响电磁场的分布,同时电磁场也会影响流体的运动和相互作用,因此需要将固-液-气三相耦合方程和电磁场方程进行耦合,得到以下耦合方程组。

(1)固相连续性方程:

$$\nabla \cdot \boldsymbol{u}(\boldsymbol{s}) = 0 \tag{5.130}$$

式中,$\boldsymbol{u}(\boldsymbol{s})$ 为固相位移向量,$\boldsymbol{s}$ 表示坐标。

(2)液相连续性方程:

$$\frac{\partial \phi_{\mathrm{w}}}{\partial t} + \nabla \cdot (\phi_{\mathrm{w}} \boldsymbol{v}_{\mathrm{w}}) = q_{\mathrm{w}} \tag{5.131}$$

式中,ϕ_{w} 为液相体积分数或液相饱和度;$\boldsymbol{v}_{\mathrm{w}}$ 为液相速度向量;q_{w} 为液相源或汇项。

(3)气相连续性方程:

$$\frac{\partial \phi_{\mathrm{g}}}{\partial t} + \nabla \cdot (\phi_{\mathrm{g}} \boldsymbol{v}_{\mathrm{g}}) = q_{\mathrm{g}} \tag{5.132}$$

式中,ϕ_{g} 为气相体积分数或气相饱和度;$\boldsymbol{v}_{\mathrm{g}}$ 为气相速度向量;q_{g} 为气相源或汇项。

(4)液相达西定律:

$$\boldsymbol{v}_{\mathrm{w}} = -k_{\mathrm{rw}} \frac{\boldsymbol{k}}{\mu_{\mathrm{w}}} (\nabla p_{\mathrm{w}} - \rho_{\mathrm{w}} g \nabla z + q_{\mathrm{ew}} \boldsymbol{E}) \tag{5.133}$$

式中,k_{rw} 为液相相对渗透率;$\boldsymbol{k}$ 为绝对渗透率张量;μ_{w} 为液相动力黏度;p_{w} 为液相压力;ρ_{w} 为液相密度;g 为重力加速度;z 为深度坐标;q_{ew} 为液相电荷密度;$\boldsymbol{E}$ 为电场强度向量。

(5)气相达西定律:

$$\boldsymbol{v}_{\mathrm{g}} = -k_{\mathrm{rg}} \frac{\boldsymbol{k}}{\mu_{\mathrm{g}}} (\nabla p_{\mathrm{g}} - \rho_{\mathrm{g}} g \nabla z + q_{\mathrm{eg}} \boldsymbol{E}) \tag{5.134}$$

式中,k_{rg} 为气相相对渗透率;μ_{g} 为气相动力黏度;p_{g} 为气相压力;ρ_{g} 为气相密度;q_{eg} 为气相电荷密度。

(6)力平衡方程:

$$\nabla \cdot \boldsymbol{T}_s = 0 \tag{5.135}$$

(7)固-液-气三相状态方程:

$$p_{\mathrm{w}} = p_{\mathrm{g}} + \sigma \kappa \left(\frac{\phi_{\mathrm{w0}}}{\phi_{\mathrm{w}}} + \frac{\phi_{\mathrm{g0}}}{\phi_{\mathrm{g}}} + \frac{\phi_{\mathrm{s0}}}{1 - \phi_{\mathrm{w}} - \phi_{\mathrm{g}}} - 3 \right) \tag{5.136}$$

式中,σ 是表面张力系数;κ 是孔隙压缩系数;ϕ_{s0}、ϕ_{w0}、ϕ_{g0} 分别是初始固、液、气相体积分数。

上述方程组是页岩孔隙介质中固-液-气三相耦合的基本方程,其中涉及多个未知量,如固相位移、液相压力、气相压力、液相饱和度、气相饱和度等。为了求解这些未知量，需要给出一些边界条件和初始条件，以及一些关联方程，如相对渗透率函数、流体密度函数、流体电荷密度函数等。这些方程的具体形式取决于页岩孔隙介质的物理特性和实验数据，一般需要通过拟合或反演得到。

页岩孔隙介质中电磁场传播是一种非线性、非均匀、非平衡的复杂过程，受到介质结构和参数以及流体分布和运动的影响。本章主要从微观电磁场和量子力学的角度，对研究岩石微纳孔隙介质导电与介电机理阐述了一些基本的理论和方法，但仍然存在诸多问题需要进一步的研究和探索，这些问题主要体现在：

(1) 如何求解页岩孔隙介质中电磁场传播的数学物理方程，如何处理各种复杂的边界条件和初始条件？特别是某些情况下，边界条件的确定也存在相当的困难。

(2) 如何更准确地确定页岩孔隙介质中的介电常数、磁导率和电导率等物理参数，它们与频率、温度、压力等因素的关系如何？

(3) 如何更全面地考虑页岩孔隙介质中流体分子与电磁场之间的非线性、非均匀、非平衡等效应，如何量化这些效应对电磁场传播特性的影响？

(4) 如何更灵敏地利用电磁场来探测和评价页岩孔隙介质中流体分布和运动情况，如何更准确地计算页岩类微纳孔隙空间流体饱和度？

以上这些问题伴随着页岩储层评价的始终，需要各界朋友共同努力，逐步解决。

第6章 全谱测井技术

页岩类非常规致密油气的开采必须采用压裂作业，才能促使油气大规模运移，才具备工业开采价值。而从本书前面的讨论可知，微纳尺度流体的运移取决于分子力和 Zeta 电势力，如果能通过外加电磁场力进行诱导，就有可能从纳观(纳米尺度)改变烃类介质的运动状态。若施加某种工艺，使其向着有利于油气运聚和开采的方向转变，则有可能形成一种全新的页岩油气开发技术。本章从讨论全频段电磁波谱的特性出发，尝试给出一个初步的技术方案。

6.1 电磁波谱及其特征

6.1.1 电磁波的分类及其特征

为了便于工程应用，人们对电磁波谱从低频到高频给予不同的命名。随着科学技术的发展，各波段都已冲破界限与相邻波段重叠起来。在电磁波谱中除波长极短(10^{-15}～10^{-14}m 以下)的一端外，不再留有任何未知的空白了。表 6.1 和图 6.1 列出了常见电磁波的中英文名称、频率、波长和能量范围。下面进行简单介绍。

表 6.1 电磁波的分类及主要参数表

中文名称	英文简写	频率/Hz	波长/m	能量/eV
宇宙射线	—	300×10^{18}	1×10^{-12}	1.24×10^{6}
伽马射线	γ	30×10^{18}	10×10^{-12}	124×10^{3}
硬 X 射线	HX	3×10^{18}	100×10^{-12}	12.4×10^{3}
软 X 射线	SX	300×10^{15}	1×10^{-9}	1.24×10^{3}
极端紫外线	EUV	30×10^{15}	10×10^{-9}	124
近紫外线	NUV	3×10^{15}	100×10^{-9}	12.4
近红外线	NIR	300×10^{12}	1×10^{-6}	1.24
中红外线	MIR	30×10^{12}	10×10^{-6}	124×10^{-3}
远红外线	FIR	3×10^{12}	100×10^{-6}	12.4×10^{-3}
极高频	EHF	300×10^{9}	1×10^{-3}	1.24×10^{-3}
超高频	SHF	30×10^{9}	10×10^{-3}	124×10^{-6}
特高频	UHF	3×10^{9}	100×10^{-3}	12.4×10^{-6}
甚高频	VHF	300×10^{6}	1	1.24×10^{-6}

续表

中文名称	英文简写	频率/Hz	波长/m	能量/eV
高频	HF	30×10^6	10	124×10^{-9}
中频	MF	3×10^6	100	12.4×10^{-9}
低频	LF	300×10^3	1×10^3	1.24×10^{-9}
甚低频	VLF	30×10^3	10×10^3	124×10^{-12}
特低频	VF/ULF	3×10^3	100×10^3	12.4×10^{-12}
超低频	SLF	300	1×10^6	1.24×10^{-12}
极低频	ELF	30	10×10^6	124×10^{-15}
极低频	ELF	3	100×10^6	12.4×10^{-15}

对表中数据的说明：因为每一种电磁波都有一定的频率范围，表中每一行的名称对应的数值是其上限值，相邻的下一行是其下限值。例如，甚低频，其频率范围是：$3\times10^3\sim30\times10^3$Hz，其波长范围是：$100\times10^3\sim10\times10^3$m，其能量范围是：$12.4\times10^{-12}\sim124\times10^{-12}$eV。

表 6.1 中，丝米波、毫米波、厘米波和分米波又称为微波，而超短波、短波、中波、长波、超长波又称为无线电波。通常的移动通信信号，波长在分米量级。具体来说，900MHz信号的波长为 0.333m，1.8GHz 信号的波长为 0.167m，2.6GHz 信号的波长为 0.115m。

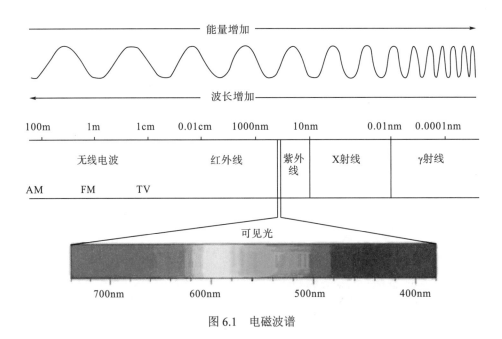

图 6.1   电磁波谱

我们常说的可见光的波长在 380～760nm 区间(本书采用大多数文献给出的范围)，其具体的参数见表 6.2。

表 6.2　可见光的主要参数

色光	频率/THz	波长/nm	能量/eV
紫	790	380	3.265
蓝	700	430	2.886
青	640	470	2.640
绿	600	500	2.482
黄	540	560	2.216
橙	510	590	2.103
红	390	760	1.633

6.1.2　地球探测中常用的电磁波特性

下面重点介绍一下，地球探测中用到的波段的电磁波特性。

1. 太赫兹波

太赫兹(THz)波是指频率在 $0.1\sim10\mathrm{THz}(10^{11}\sim10^{13}\mathrm{Hz})$ 范围内的电磁波，其波长为 $100\sim1000\mu\mathrm{m}$，太赫兹波有着巨大应用潜能与独特优越性。其在波谱的位置如图 6.2 所示。

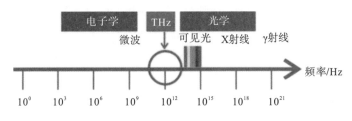

图 6.2　THz 波在电磁波谱上的位置

太赫兹波介于微波与远红外波段，覆盖部分毫米波与远红外频段，因此太赫兹波本身也是具有红外辐射与毫米波的一些特性的。一般来说，太赫兹波具有以下几个显著的特征。

1) 宽带性

从太赫兹波的定义就可以知道，其频率处于 $0.1\sim10\mathrm{THz}$ 的范围，所以其脉冲光源通常包含多个周期的电磁振荡，其频带宽，便于在大的范围内分析介质的光谱信息。太赫兹波在进行无线传输过程当中，能够以 10GB/s 的速度传递，远高于现在井下信号的传输速率。

2) 强穿透性

太赫兹波穿透性很强，能够穿透大部分的非极性与非金属介质。另外，太赫兹波能量低，大约只有 X 射线能量的百分之一，不具有电离特性，对大部分活体组织是安全无害的，可用于海关、机场、车站等场景的安检，也可用于物品的无损检测。

3)低能性

太赫兹波的能量只有 10^{-3}eV 量级，远小于 X 射线的 10^3eV 量级，所以太赫兹波不具有电离性，对被检测的介质几乎无损伤，适合于烃类大分子、生物大分子与活性介质结构的研究。

4)指纹特性

许多生物大分子的振动、转动等运动所对应的频率也位于太赫兹波段，因此这些分子太赫兹频段有明显的吸收峰，太赫兹波对这些分子间作用和分子低能级的振动与转动非常敏感。如果找出不同分子的特征太赫兹波谱，利用这一"指纹"特性可以对介质进行鉴别。特别是，由于水特殊的介电性质，即水对太赫兹波具有很强的强吸收性，这对于我们快速准确识别含水区域将有很大的帮助。

5)瞬态性

相比于传统电磁波与光波，太赫兹波的典型脉宽在 10^{-15}s 的量级，通过光电采样测量技术，可以有效抑制背景噪声，在小于 3THz 时，其信噪比高达 10^4:1。

6)相干性

目前，太赫兹波的产生是由相干电流驱动的电偶极子振荡产生或相干的激光脉冲通过非线性光学频差产生，因此有很好的相干性。根据太赫兹波的相干测量技术，可以直接测量电磁场的振幅和相位，进而检测样品的折射率和吸收系数等，由此可以对介质类别进行判断。

7)吸收性

大多数极性分子对 THz 波有强烈的吸收作用，可用来进行医疗诊断与产品质量监控。

2. 微波

微波的频率范围是 300MHz～3000GHz，通常也称为"超高频电磁波"，对应的波长为 0.1mm～1m，与 THz 波有一定的重合。微波又可进一步细分为丝米波、毫米波、厘米波和分米波。微波的基本性质通常呈现为穿透、反射、吸收三个主要特性。对于玻璃、塑料和瓷器，微波几乎是穿越而不被吸收。对于水和食物等就会吸收微波而使自身发热。而对金属类东西，则会反射微波。为避免干扰微波通信，国际电信联盟规定工业用微波频率为 915MHz、2450MHz、5800MHz、24124MHz。除个别工业微波加热设备使用 915MHz频率外，大多数工业和家用微波加热设备都选择 2450MHz 频率。

1)热效应

微波的热效应主要是由于介质内部极分子在微波高频电场的作用下发生取向极化，在反复快速取向转动的过程中，摩擦生热。介质内的离子在微波作用下振动也会将振动能量转化为热量，而一般分子也会吸收微波能量，使得热运动能量增加。最终，使得被微波作用的介质温度升高。水为极性分子，在微波的作用下，水分子极性取向随着微波极性变化而变化，将电磁能转化为热能，使得含水介质被快速加热。

微波本身并不是热源，不能直接加热电介质，而是通过电介质材料内部带电或具有偶极矩的微观粒子对微波产生不同的介电响应，同时产生介电损耗，将微波能转化为热能，使本身温度升高。微波辐射不同材料时会出现反射、吸收和透过现象。绝缘体等微波低损耗材料在微波透过时几乎没有能量损失；块状金属或合金等导体能够反射微波，不能穿透；水、金属氧化物和碳基材料等高损耗材料在微波透过时将引起微波能的衰减。介质衰减微波能的能力决定了其介电性能。微波加热是电介质材料对传播到其内部的微波产生介电损耗将微波能直接转化为热能，从而引起材料温度升高的过程。与传统加热方式对比，具体特点如下：

(1)快速加热。传统加热方式主要通过热传导、对流、辐射等换热方式加热物料，热量需要一个传递过程。而微波则直接渗透到物料内部被吸收转化为热能，不需要传热过程。

(2)整体性加热。传统加热依靠温度梯度实现热量传递，方向是由表及里，由外及内，且热量传递速度受到导热系数、温度差和物料粒度等因素影响。而微波加热是物料本身转化微波能为热能，内外均匀加热，温度整体性升高，并且由于物料温度高，环境温度低，导致物料表面散热快，从而形成与传统加热完全不同的温度分布——内高外低。

(3)选择性加热。物料吸收微波能的能力与介电性能直接相关，因此物料中介电性能强的介质吸收微波能力就强，温度迅速升高，而介电性能较差的介质吸收微波能力弱，升温速度慢。

(4)效率高加热。传统加热需要首先加热热载体，然后通过高温载体传热达到加热物料的目的。微波加热设备是微波源(磁控管等)激励产生微波，然后通过波导馈入金属腔体中加热物料。波导和金属腔体的材质具有反射微波的能力，几乎不吸收微波，所以微波能几乎只消耗在被加热物料上，没有或极少能量浪费。

2)非热效应

微波的非热效应是指除热效应以外的其他效应，如电效应、磁效应及化学效应等。在微波电磁场的作用下，被作用物体中的一些分子将会产生变形和振动。对微波的非热效应，人们了解得还不是很多。一般认为，微波的功率密度值约为 10mW/cm，则表现为热效应，并且频率越高，产生热效应的阈强度越低。功率密度小于 1mW/cm 时，则表现为非热效应。

在物理学方面，分子、原子与核系统所表现的许多共振现象都发生在微波的范围，因而微波为探索介质的基本特性提供了有效的研究手段。

3. 红外光谱

红外光谱的波长范围为 0.76～1000μm，又可进一步细分为：近红外线，0.76～2.5μm；中红外线，2.5～25μm；远红外线，25～1000μm。红外光谱法的原理是分子受到红外光激发后，分子中的官能团获得激发能量便会产生振动吸收。振动类型包括伸缩型振动、摇摆型振动、弯曲型振动和剪刀型振动，由于官能团组分形式不同，不同官能团激发产生的振动波数便有所不同，其红外激发所产生的吸收谱图中，吸收峰位置、强度也有所不同，基于这一原理便可实现对待测物相关测量及分析。

在分子内部具有振动和转动能级。红外光谱属于分子振动和转动光谱，主要与分子的结构有关，能产生偶极矩变化的分子均可以产生红外吸收。除单原子分子以及同核分子以外的分子均可以具有特征吸收。红外光谱的吸收频率、吸收峰的数目以及强度均与分子结构有关，因此可用来鉴定未知介质的分子结构和化学基团。

红外光谱是整个光谱中最大的光热效应区，在自然界中，任何物体的温度只要高于绝对零度，就处于热状态。处于热状态的介质分子和原子不断振动、旋转并发生电子跃迁，从而产生电磁波。这些电磁波的波长就处于可见光的红光之外。当物体与周围温度失去平衡时，就会发射或者吸收红外线，这就是常说的热辐射，也叫作红外辐射。物体红外辐射的强度和波长分布取决于物体的温度和辐射率。

物体的温度与辐射率的关系由斯特潘玻尔兹曼定律给出，即物体的能量密度 ρ_E 与其热力学温度 T 的四次方成正比：

$$\rho_E = aT^4$$

式中，a 为斯特潘玻尔兹曼常数，$a=5.67\times10^{-8}\mathrm{W\cdot m^{-2}\cdot K^{-4}}$；$T$ 为物体的温度，K；ρ_E 为物体的能量密度，$\mathrm{W\cdot m^{-2}}$。

6.2　页岩的光激电效应

如前所述，页岩中广泛分布黄铁矿，很多页岩还存在石墨化现象。通过对页岩发射激光脉冲，发现了页岩中的激光感生电压现象。实验表明，采用波长为 248nm（光子能量 5eV）、脉宽为 20ns 的脉冲激光器作为光源，带宽 350MHz、输入阻抗 1MΩ 示波器用于记录波形。在页岩岩心中测试得到了快速响应的光生电压信号，光照瞬间信号快速上升，上升时间为 3.3μs 左右，随后信号缓慢下降，代表了载流子的缓慢复合过程。实验结果说明，外加电场及激光强度是影响光生电压幅值的主要因素，在这一激光能量变化范围内，页岩中的光生载流子尚未达到饱和值，此时激光光强对各个样品中光生电压的贡献较大，随着激光能量的进一步增强，样品中的光生电压还有望进一步提高。另外，当页岩中偏压增强时，页岩内部的电子和空穴的分离能力也随之增强，产生的光生电压也增大，说明页岩表面在激光辐照下产生了大量的光生载流子。此外，由于页岩电学性质的各向异性，不同层理角度的光生电压信号幅值随偏压及激光能量的变化趋势也有所差别。而在光照瞬间，页岩中产生的光生载流子使绝缘的页岩中产生了光电导现象。

国内外对于油页岩原位加热地下产出物的研究，集中在烃类气体组成、油品分析、有机质分析以及热解阶段。王擎等（2007）与王淑娟和雒锋（2018）分别通过热重-红外-质谱联用与化学组分分析-X 射线衍射-热重差热分析-扫描电子显微镜（SEM）对油页岩在不同热解阶段产出气体产物的规律进行研究。李梦雅等（2017）通过对油页岩热解各个阶段生成可溶有机质的分析研究裂解油演化特性。王擎等（2007）将油页岩在有氧气条件下的热解过程分为 3 个阶段，分别为水析出阶段、燃烧低温段和燃烧高温段，系统分析不同油页岩之间、不同条件限制下热解反应的共性，为后续的研究提供了翔实的参考数据。

国内外很多科研院所开展了页岩油的原位转化(in-situ conversion process，ICP)技术，该项技术最早是由壳牌公司提出的。该技术大致的工艺流程是，在油页岩地层中钻直井，使用电加热器在地下加热油页岩到 340～370℃。根据加热井间距以及加热速率等参数估算，从地层加热到热解温度需要 3～6 年。1990 年埃克森美孚公司(Exxon Mobil Corporation)提出 Electrofrac TM 技术。我国对油页岩的原位开发也非常重视。国内的专家学者们结合我国油页岩资源特点，先后提出了注蒸汽开采油气新技术(MTI 技术)、局部化学反应法(TSA 法)、高压-工频电加热法(HVF 法)等多种油页岩原位转化技术。近临界水法(SCW 法)为吉林大学自主研发，针对深层、低渗透油页岩资源的原位开采技术。利用近临界水较高的电离常数与较低的介电常数，并具备自身酸碱催化功能溶解有机物，在相对低的温度下渗透、裂解与提取油页岩干酪根。高压共频法(HVF 法)是吉林大学针对不同地质条件的油页岩地下原位开采技术，该技术特点是击穿时间短，加热效率高；井下设备结构简单；油页岩自身可以电阻加热，体积热传导。

6.3 光 纤 测 井

光纤测井的主要设备是地面光端机和铠装光纤，其中地面光端机用于发射和接收激光，铠装光纤布设在井内，用于传输由光端机发射的激光信号和井地层散射后的激光信号。光纤测井比传统测井大大节省了测井仪器的成本、测量时间和简化了测量方式。

光纤测井中所发射激光的波长一般在可见光范围内，当激光穿过介质时，会与介质中的各种颗粒和分子发生瑞利散射，使得激光的光束在各个方向上都有一定的强度，从而使得我们可以从侧面看到散射的激光光束。

激光在光纤内传播，会与光纤中的传输介质相互作用，导致传输介质内的电子做持续的受迫振动，这种振动称为布朗运动。布朗运动会产生声学噪声，同时会吸收一定的入射光能量，从而激发次波源。而传播介质内的介质分子密度是不均匀的，光将产生强度差别较大的次波源，此时光在传输过程中将产生各个方向的光线，即发生了散射现象。

按照产生散射的原理，将激光传播过程中的散射划分为拉曼散射、布里渊散射和瑞利散射，如图 6.3 所示。

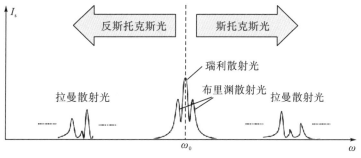

图 6.3 光纤中三种散射光

在这三种散射中，瑞利散射功率最大，散射光频率与入射光频率ω_0相同。

6.3.1　瑞利散射

瑞利散射是指光线与半径远小于光波长的微小颗粒或分子相互作用时发生的散射，它由英国物理学家瑞利所发现。

瑞利散射的原因是光线在通过微小颗粒或分子时，会使它们产生电偶极子，从而向各个方向辐射散射光。瑞利散射光的强度和入射光波长的四次方成反比，波长越短，越容易发生瑞利散射。瑞利散射使得光纤通信过程中的信号产生衰减，影响光纤通信的传输质量和距离。光纤中大部分的散射损耗是由瑞利散射所引起的。

与入射光方向相反的散射光称为后向瑞利散射光。光纤损耗和应变引起后向瑞利散射光强度和位相变化，检测光纤中后向瑞利散射光强度和位相的变化可实现光纤损耗和应变的分布式测量。后向瑞利散射光的特点是：①瑞利散射光是弹性散射光，散射光频率与入射光频率一致；②瑞利散射光强I反比于入射波长λ的四次方；③散射光强与其与入射激光的夹角有关。

6.3.2　拉曼散射

拉曼散射是一种光子的非弹性散射现象，是由印度物理学家钱德拉塞卡拉·拉曼于1928年发现的。拉曼散射的原因是光子与介质的分子或原子之间发生能量交换，散射光子的能量和频率与入射光子不同。这种能量交换可以分为两种情况，一种是斯托克斯散射：介质吸收能量，使散射光子的能量低于入射光子，也就是散射光的波长变长，频率变低。另一种是反斯托克斯散射：介质释放能量，使散射光子的能量高于入射光子，也就是散射光的波长变短，频率变高。拉曼散射基本上对称地分布于瑞利散射两侧，大于原入射光频率的为正向拉曼散射，小于原入射光频率的为反向拉曼散射。拉曼散射的光强小于布里渊散射。拉曼散射的光强对外界温度变化较为敏感，正是基于这一原理，拉曼散射能够对光纤外部温度进行精准的分布式测量。

拉曼散射的应用非常广泛，它可用来研究介质的分子结构、振动、转动等信息，从而对介质进行定性和定量的分析。利用拉曼散射可以直接对固体、液体、气体、溶液等进行检测，而且可以避免样品的热损伤和化学变化。利用拉曼散射可用来检测石油、天然气、煤等的成分和质量。

6.3.3　布里渊散射

布里渊散射是一种光子与声子的非弹性散射现象，光波在介质中传播时与介质中的声波相互作用而产生的散射。布里渊散射的原因是光波在介质中传播时，会受到介质的声波的调制，导致光波的频率和相位发生变化。这种变化可以分为反向布里渊散射和前向布里渊散射。

布里渊散射的应用非常广泛，它可用来实现光的放大、调制、相位共轭、传感等功能。布里渊光纤激光器利用光纤中的受激布里渊散射，可以将泵浦光的能量转移给斯托克斯光，实现光的放大和频率转换。布里渊光纤传感器利用光纤中的自发布里渊散射，可以测量光纤中的温度和应力，实现光纤的传感。布里渊光纤传感器具有高灵敏度、高分辨率、长距离、分布式等特点，可用于结构健康监测、地震探测、火灾预警等领域。

布里渊散射频率与入射光频率很接近，对称地分布于瑞利散射两侧，其光强小于瑞利散射的光强，但比拉曼散射光强大。温度和应变均能够使布里渊散射频移发生一定的改变，检测布里渊散射频移即可实现对由扰动引起的应力物理场的测量。

6.3.4　斯托克斯散射

斯托克斯散射是一种光子的非弹性散射现象，指光波在被散射后频率发生降低的现象。它是由英国物理学家乔治·斯托克斯于 1852 年发现的。斯托克斯散射的原因是光子与介质的分子或原子之间发生能量交换，导致散射光子的能量和频率低于入射光子，也就是散射光的波长变长，频率变低。这种能量交换可以分为两种情况。

(1) 自发斯托克斯散射：介质吸收能量，导致散射光子的能量低于入射光子，也就是散射光的波长变长，频率变低。这是一种随机的、无相干的过程，散射光的强度很弱，与入射光的强度成正比。

(2) 受激斯托克斯散射：入射光的光子与介质中已存在的声子(振动量子)相互作用，导致散射光子的能量低于入射光子，也就是散射光的波长变长，频率变低。这是一种有相干的、可放大的过程，散射光的强度与入射光的强度平方成正比。

斯托克斯散射的应用非常广泛，它可用来研究介质的分子结构、振动、转动等信息，从而对介质进行定性和定量的分析。斯托克斯散射的优点是它不需要特殊的样品制备，可以直接对固体、液体、气体、溶液等进行检测，而且可以避免样品的热损伤和化学变化。利用自发斯托克斯散射，可以获得介质的拉曼光谱，即散射光与入射光的频率差的光谱。

6.4　全谱测井技术构想与展望

斯伦贝谢公司于 20 世纪 40 年代研制出第一代介电测井仪器，标志着电测井技术从岩石导电转向了岩石介电的测量。20 世纪 60 年代，苏联 д.c.达耶夫和 A.A.卡乌夫曼开始研发介电测井方法和仪器，同时代，壳牌公司推出低频电桥法介电实验装置。1970 年前后，斯伦贝谢设计研发电磁波传播测井仪(electromagnetic propagation tool，EPT)和深探测电磁波测井仪(deep propagation tool，DPT)。其中 EPT 工作频率为 1.1GHz，DPT 工作频率为 25MHz。20 世纪 80 年代，阿特拉斯公司研发了双频介电测井仪，工作频率为 47MHz 和 200MHz。1991 年，哈利伯顿公司在斯伦贝谢 EPT 的基础上推出了高频 1GHz 介电测井仪(high frequency dielectric logging，HFD)。2008 年斯伦贝谢公司推出一种新型多频频散介电测井仪器(array dielectric tool，ADT)，该仪器具有四种频率：20MHz、100MHz、500MHz、

1000MHz。2010 年，哈里伯顿公司相继研发了微波地层评价仪(microwave formation evaluation tool，MFET)，该仪器工作频率为 20～1000MHz。目前，ADT 是世界上最先进的介电测井仪器之一，在全球多个油田得到广泛应用。表 6.3 列出了 ADT 的主要参数。

    1973 年前后，大庆油田先后研制出 4 种频率的介电测井仪器，包括 300kHz、1.2MHz、12MHz 和 60MHz。沈金松(2002)采用垂直数值模式匹配的方法在频域 1～70MHz 范围内，模拟了高频电磁波幅度衰减和相位差。刘四新和佐腾源之(2003)研发了一种基于网络分析仪的多频电磁波测井装置，其频率在 2～400MHz 范围，采用单发双收型井下探头设计，能够同时测量 60～90MHz 多个频率信号。

表 6.3   ADT 参数

测量输出	具体描述
纵向分辨率	2.5cm
探测深度	2.5～10cm
高频测量精度	介电常数：±1%或者±0.1 电导率：±1%或者±5mS
高频测量范围	介电常数：1～100 电导率：0.1～3000mS
最大温度和最大压力	177℃；172MPa

    从以上的讨论可以看出，电磁波有着非常宽泛的频率，我们目前的电法测井仅使用某几个频率点。例如传统的双侧向仪器(DLL)，其主电流的频率为 24Hz 和 192Hz，或者是 35Hz 和 280Hz；双感应测井(DIL)用的是 20kHz 的交流电；最早的介电测井(EPT)用的是 1.1GHz 电磁波；目前的随钻电阻率测井基本上用的都是 2MHz 和 400kHz 的交流电。不同厂家电阻率测井仪器的主电流频率统计于表 6.4 中。

表 6.4   不同厂家电法测井仪器的主电流频率

测井方法	国家或公司	主电流频率
双侧向	斯伦贝谢	深 35Hz、浅 280Hz
	阿特拉斯	深 24Hz、浅 192Hz
双感应	—	双感应 20kHz、八侧向 1250Hz
介电测井	斯伦贝谢 EPT	1.1GHz
	斯伦贝谢 DPT	25MHz
	斯伦贝谢 ADT	20MHz、100MHz、200MHz、1GHz
	阿特拉斯	47MHz、200MHz
	哈利巴顿 HFD	1GHz
	哈利巴顿 MFET	20～1000MHz
	壳牌	16MHz、30MHz
	中国	300kHz、1.2MHz、12MHz、60MHz
		2～400MHz
		3kHz、12kHz、24kHz、42kHz
随钻电阻率测井	—	2MHz、400kHz

　　图 6.4 粗略地给出了目前普通电阻率、双侧向聚焦电阻率、双感应聚焦电阻率、随钻电阻率测井以及介电测井等不同电法测井所使用的电磁波频率段。从这个坐标轴上可以看出，无论是在低频段进行普通电阻率的测量，还是在中频段进行聚焦电阻率测量、在高频段进行介电测井，这些都是频率点的测量。而发展多频、某个频域的扫频或全谱电法测井仪器将是电法测井仪器一个重要的发展方向。

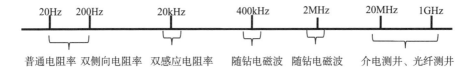

图 6.4　电磁波不同频率段电阻率测井方法

　　目前如火如荼开展的光纤测井实际上就说明了这一点，传统笨重的电法仪器显然是无法长时间在井下进行扫频和全谱测量的。但是光纤测井通过将光纤布设于井下，可以同时进行多点多次测量，这为全谱多参数测量提供了技术保障。全谱测井可在几十赫兹频段以下进行普通电阻率的测量、在几百赫兹频段进行聚焦电阻率测量、在 kHz 至 MHz 频段进行电磁波传播电阻率测量、在 MHz 至 GHz 频段进行介电测量。

　　此外，根据介电频散效应，从界面极化的 10^2Hz 到电子极化 GHz 频段进行扫频测量，将能够了解特殊矿物、孔隙结构、流体类型以及矿化度等丰富的岩性和流体信息。如果再考虑微波段特殊的热效应，将会对页岩油气的原位转化起到一定的加速作用。

　　综上所述，发展多谱或者全谱测井，将极大地丰富电学参数测量，特别是电学量的频散参数蕴含了很多地质信息。配合光纤测井，又可以测到生产井的温度、压力等非电学参数。因此，作者认为，大力发展多谱或全谱测井，从低频到高频，从近井到远井，从裸眼井到套管井以及随钻过程，反射或散射电磁波蕴含了大量的地层孔隙结构、地层流体的静态和动态信息。此外，电磁波的热效应和量子效应，还可能加速烃类演化，改善储层物性，有效提高油气运移效率。

　　因此，应该深入研究和大力推广全谱测井。全谱测井大有可为。

参 考 文 献

陈国良, 李建平, 高峰, 等, 2019. 页岩气勘探开发技术. 北京: 石油工业出版社.

陈国强, 高建民, 王晓东, 等, 2008. 地层水离子类型划分及其在油气勘探中应用. 石油与天然气地质, 29(1): 66-71.

高峰, 李志强, 王建国, 2020. 基于时域有限差分法模拟页岩孔隙结构对水分子取向极化效应影响. 地球物理学报, 63(3): 1019-1030.

高建民, 王晓东, 陈国强, 等, 2009. 塔里木盆地塔中地区地层水离子类型与油气分布关系研究. 石油实验地质, 31(2): 154-158.

谷开慧, 2007. 应用群论分析甲烷的拉曼光谱. 长春: 东北师范大学.

谷渊涛, 万泉, 李晓霞, 等, 2019. 海相黑色泥质页岩石墨化的机理、特征、分布趋势及其对页岩气和导电性的影响//中国矿物岩石地球化学学会第17届学术年会论文摘要集. 北京: 中国矿物岩石地球化学学会: 123-124.

郭建军, 李建平, 刘光辉, 2014. 地层水介电常数对岩石介电常数的影响及其应用. 测井技术, 38(3): 264-269.

郭亮, 彭晓峰, 吴占松, 2008. 甲烷在成型纳米活性炭中的吸附动力学特性. 化工学报, 59(11): 2726-2732.

李海涛, 2016. 黏土矿物微观结构及其弹性性质的第一性原理研究. 太原: 太原理工大学.

李建平, 刘兴华, 刘光辉, 等, 2014. 鄂尔多斯盆地延长组长7段地层水电阻率测量及其应用. 测井技术, 38(1): 52-56.

李梦雅, 2017. 油页岩热解中间体的生成及反应特性. 北京: 中国科学院大学(中国科学院过程工程研究所).

李羿璋, 2018. 基于太赫兹时域光谱技术的油页岩生油潜力的研究. 北京: 中国石油大学.

林珂, 刘世林, 罗毅, 2016. 水的局域结构和谱学特征. 中国科学: 物理学 力学 天文学, 46(5): 16-29.

刘光辉, 李建平, 刘兴华, 等, 2013. 地层水离子浓度测井方法及其应用. 测井技术, 37(5): 508-513.

刘洪林, 刘文汇, 王兰民, 2014. 海相页岩气藏低电阻率异常特征及其成因分析. 天然气地球科学, 25(2): 227-235.

刘力, 2020. 黔北五峰-龙马溪组页岩有机质结构演化和孔隙发育特征. 北京: 中国地质大学(北京).

刘少军, 王玉满, 李建忠, 等, 2011. 海相黑色泥质页岩油气资源潜力及勘探方向. 石油勘探与开发, 38(1): 13-20.

刘四新, 佐滕源之, 2003. 多频电磁波测井的数值模拟和实验研究. 测井技术, (4): 278-282

刘晓峰, 李志强, 王建国, 2019. 页岩孔隙结构对微波传播特性影响的时域有限差分模拟. 地球物理学报, 62(8): 3049-3062. 1

刘兴华, 李建平, 刘光辉, 等, 2013. 地层水电阻率对岩石电阻率系数的影响及其应用. 测井技术, 37(6): 601-605.

刘玉龙, 郑兴明, 刘春江, 2018. 基于有限体积法的页岩气储层电磁波传播特性模拟. 测井技术, 42(4): 377-383.

刘子骅, 张金川, 刘飏, 等, 2016. 湘鄂西地区五峰-龙马溪组泥页岩黄铁矿粒径特征. 科学技术与工程, 16(26): 34-41.

卢双舫, 王峻, 李文镖, 等, 2023. 从能耗比论低熟富有机质页岩原位改质转化的经济可行性及增效途径. 地学前缘, 30(1): 187-198, 281-295.

鲁媛媛, 张洋, 周晓龙, 2018. 重质油辅以吸波材料的微波降黏技术研究. 石油化工, 47(8): 842-847.

苗昕扬, 2019. 页岩各向异性光辐照效应的研究. 北京: 中国石油大学.

商辉, 张杰, 方颖, 等, 2013. 微波辐射对稠油粘度的影响. 真空电子技术, (6): 45-48, 53.

石油天然气资源评价中心, 2016. 中国石油天然气地质资源评价结果. 北京: 石油工业出版社.

沈金松. 2002. 用边有限元方法计算磁偶极子的三维电磁响应. 计算物理, 19(6): 537-543.

孙明国, 2015. 基于激光吸收光谱的大气分子稳定同位素探测技术研究. 合肥: 中国科学院大学.

唐阳, 徐国宾, 孙丽莹, 等, 2016. 不同间断比尺下微波诱发岩石损伤的离散元模拟研究. 水力发电学报, 35(7): 15-22.

王鹏威, 谌卓恒, 金之钧, 等, 2019. 页岩油气资源评价参数之"总有机碳含量"的优选: 以西加盆地泥盆系 Duvernay 页岩为例. 地球科学, 44(2): 504-512.

王擎, 徐峰, 孙佰仲, 等, 2007. 采用等转化率法研究油页岩热解的动力学特性. 中国电机工程学报, 27(26): 35-39.

王淑娟, 雒锋, 2018. 油页岩燃烧工况对灰渣作为水泥掺和料的影响. 非金属矿, 41(4): 27-29.

王晓东, 李晓峰, 赵建军, 等, 2020. 基于有限元法的页岩气储层电磁波传播特性模拟. 地球物理学报, 63(2): 559-571.

夏添, 2015. 油页岩油藏原位电加热开采数值模拟研究. 青岛: 中国石油大学(华东).

向葵, 严良俊, 余刚, 2022. 地层条件下页岩气储层岩石电性特征//2022 年中国地球科学联合学术年会.

薛丹, 2018. 海相黑色泥页岩石墨化特征及其对页岩气和导电性的影响. 成都: 西南石油大学.

杨钦, 2022. 川南长宁地区五峰—龙马溪组页岩不同类型孔隙特征及其与页岩气赋存状态关系. 长春: 吉林大学.

张斌, 于聪, 崔景伟, 等, 2019. 生烃动力学模拟在页岩油原位转化中的应用. 石油勘探与开发, 46(6): 1212-1219.

张宏伟, 赵建军, 李晓峰, 等, 2019. 基于有限差分时域法的页岩气储层电磁感应测井响应模拟. 地球物理学报, 62(3): 1003-1015.

张建国, 赵军, 王建国, 2020. 基于时域有限差分法模拟页岩孔隙结构对油气分子畸变极化效应影响. 地球物理学报, 63(4): 1395-1406.

张立宏, 赵文智, 郑民, 等, 2013. 海相黑色泥页岩油气生成、运移、储集及开发的影响因素. 天然气工业, 33(2): 1-8.

张志强, 郑国庆, 赵文彬, 2010. 地层水离子类型在油气勘探中的应用. 石油勘探与开发, 37(4): 486-491.

赵建军, 张宏伟, 李晓峰, 等, 2017. 页岩气储层物理特征及其影响因素. 地球物理学报, 60(1): 1-17.

赵建军, 张宏伟, 李晓峰, 等, 2018. 页岩气储层电磁波传播特征及其影响因素. 地球物理学报, 61(4): 1395-1408.

赵建军, 张宏伟, 李晓峰, 等, 2020. 页岩气储层电磁场与流体分子相互作用机理及其影响因素. 地球物理学报, 63(7): 2409-2424.

赵军, 张建国, 王建国, 2019. 基于时域有限差分法模拟页岩孔隙结构对微波传播特性影响. 地球物理学进展, 34(6): 2490-2497.

赵林, 2015. 过热蒸汽对流加热油页岩原位开采基础实验研究. 太原: 太原理工大学.

赵文彬, 郑国庆, 2010. 地层水电阻率与介电常数的变化规律及其影响因素. 测井技术, 34(1): 1-5.

赵文彬, 郑国庆, 张志强, 2009. 地层水电阻率测量方法及其应用. 测井技术, 33(5): 456-460.

赵文智, 郑民, 刘洪林, 等, 2012. 海相黑色泥页岩油气地质条件及勘探潜力. 天然气工业, 32(1): 1-7.

赵文智, 胡素云, 侯连华, 2018. 页岩油地下原位转化的内涵与战略地位. 石油勘探与开发, 45(4): 537-545.

郑兴明, 刘玉龙, 刘春江, 2017. 页岩气储层电阻率测井评价方法. 测井技术, 41(3): 249-255.

Appelo C A J, Postma D, 2004. Geochemistry, Groundwater and Pollution. Boca Raton: CRC Press.

Archie G E, 1942. The electrical resistivity log as an aid in determining some reservoir characteristics. Transactions of the AIME, 146(1): 54-62.

Atkins P, de Paula J, 2010. Physical chemistry(9th.). Oxford: Oxford University Press.

Batchelor G K, 2000. An Introduction to Fluid Dynamics. Cambridge, UK: Cambridge University Press.

Brinkman H C, 1949. A calculation of the viscous force exerted by a flowing fluid on a dense swarm of particles. Flow, Turbulence and Combustion, 1(1): 27-34.

Berner R A, 1984. Sedimentary pyrite formation: An update. Geochimica et Cosmochimica Acta, 48(4): 605-615.

Beskok A, Karniadakis G E, 1999. Report: A model for flows in channels, pipes, and ducts at micro and nano scales. Microscale Thermophysical Engineering, 3(1): 43-77.

Bojan M J, Steele W, 1993. Computer simulation studies of the adsorption of Kr in a pore of triangular cross-section//Studies in Surface Science and Catalysis. Amsterdam: Elsevier: 51-58.

Brandani S, Mangano E, Sarkisov L, 2016. Net, excess and absolute adsorption and adsorption of helium. Adsorption: Journal of the International Adsorption Society, 22(2): 261-276.

Chalmers G R L, Bustin R M, 2012. Geological evaluation of Halfway–Doig–Montney hybrid gas shale–tight gas reservoir, northeastern British Columbia. Marine and Petroleum Geology, 38(1): 53-72.

Cunningham R E, Williams R J J, 1980. Diffusion in Gases and Porous Media. Boston, MA: Springer US.

Curtis J B, 2002. Fractured shale-gas systems. AAPG Bulletin, 86: (11): 1921-1938.

De Broglie L, 1923. Waves and quanta. Nature, 112(2815): 540.

De Souza L A, Soeiro M M, De Almeida W B, 2018. A DFT study of molecular structure and ^{1}H NMR, IR, and UV-Vis spectrum of Zn(II)-kaempferol complexes: A metal-flavonoid complex showing enhanced anticancer activity. International Journal of Quantum Chemistry, 118(23): 11-16.

Dombrowski R J, Hyduke D R, Lastoskie C M, 2000. Pore size analysis of activated carbons from Argon and nitrogen porosimetry using density functional theory. Langmuir, 16(11): 5041-5050.

Domenico P A, Schwartz F W, 1998. Physical and chemical hydrogeology. 2nd ed. New York: Wiley.

Eskandari S, Jalalalhosseini S M, Mortezazadeh E, 2015. Microwave heating as an enhanced oil recovery method—Potentials and effective parameters. Energy Sources, Part A: Recovery, Utilization, and Environmental Effects, 37(7): 742-749.

Freeze R A, 1979. Cherry J A. Ground water. Engle wood Cliffs: Prentice-Hall.

Gubbins K E, Quirke N, 1996. Molecular Simulation and Industrial Applications: Methods, Examples, and Prospects. Taylor & Francis Press.

Guo S H, Yang L, Zhang Y Y, et al., 2018. Enhanced hydrogen evolution via interlaced Ni_3S_2/MoS_2 heterojunction photocatalysts with efficient interfacial contact and broadband absorption. Journal of Alloys and Compounds, 749: 473-480.

Hu L X, Li H A, Babadagli T, et al., 2017. Experimental investigation of combined electromagnetic heating and solvent-assisted gravity drainage for heavy oil recovery. Journal of Petroleum Science and Engineering, 154: 589-601.

Hwang S T, Kammermeyer K, 1966. Surface diffusion in microporous media. The Canadian Journal of Chemical Engineering, 44(2): 82-89.

Jackson C, 2002. Upgrading a Heavy Oil Using Variable Frequency Microwave Energy All Days. November 4-7, Calgary, Alberta, Canada. SPE, 20028.

Kim C, Jang H, Lee Y, et al., 2016. Diffusion characteristics of nanoscale gas flow in shale matrix from Haenam Basin, Korea. Environmental Earth Sciences, 75(4): 350.

Klein L, Swift C, 1977. An improved model for the dielectric constant of sea water at microwave frequencies. IEEE Transactions on Antennas and Propagation, 25(1): 104-111.

Kowalczyk P J, Mahapatra O, Le Ster M, et al., 2017. Single atomic layer allotrope of bismuth with rectangular symmetry. Physical Review B, 96(20): 205434.

Lane J A, Saxton J A, 1952. Dielectric dispersion in pure polar liquids at very high radio-frequencies I. Measurements on water, methyl and ethyl alcohols. Proceedings of the Royal Society of London Series A Mathematical and Physical Sciences, 213 (1114): 400-408.

Lee A L, Gonzalez M H, Eakin B E, 1966. The viscosity of natural gases. Journal of Petroleum Technology, 18 (8): 997-1000.

Li Y Z, Miao X Y, Zhan H L, et al., 2018. Evaluating oil potential in shale formations using terahertz time-domain spectroscopy. Journal of Energy Resources Technology, 140 (3): 034501.

Maurer J, Tabeling P, Joseph P, et al., 2003. Second-order slip laws in microchannels for helium and nitrogen. Physics of Fluids, 15 (9): 2613-2621.

Metrango P, Resnati G, 2001. Halogen bonding: Aparadig minsupra molecular chemistry. Chemical Society Reviews, 30 (5): 339-349.

Nodzeński A, 1998. Sorption and desorption of gases (CH_4, CO_2) on hard coal and active carbon at elevated pressures. Fuel, 77 (11): 1243-1246.

Pan H H, Ritter J A, Balbuena P B, 1998. Isosteric heats of adsorption on carbon predicted by density functional theory. Industrial & Engineering Chemistry Research, 37 (3): 1159-1166.

Passey Q, Bohacs K, Esch W, et al., 2010. From Oil-Prone Source Rock to Gas-Producing Shale Reservoir – Geologic and Petrophysical Characterization of Unconventional Shale-Gas ReservoirsProceedings of International Oil and Gas Conference and Exhibition in China. June 8-10, 2010. Society of Petroleum Engineers, 8-10.

Patzek T W, Silin D B, 2001. Shape factor and hydraulic conductance in noncircular capillaries. Journal of Colloid and Interface Science, 236 (2): 295-304.

Pizarro J O S, Trevisan O V, 1990. Electrical heating of oil reservoirs: Numerical simulation and field test results. Journal of Petroleum Technology, 42 (10): 1320-1326.

Pride S, 1994. Governing equations for the coupled electromagnetics and acoustics of porous media. Physical Review B, Condensed Matter, 50 (21): 15678-15696.

Schmidbaur H, Schier A, 2008. A briefing on aurophilicity. Chemical Society Reviews, 37 (9): 1931-1951.

Schneider J L, 1995. Organizational perspectives and patterns of criminality among gang leaders. Cincinnati: University of Cincinnati.

Schrödinger E, 1926. Über das verhältnis der heisenberg-born-jordanschen quantenmechanik zu der meinem. Annalen Der Physik, 384 (8): 734-756.

Shaw D J, 1992. The solid-liquid interface//Introduction to Colloid and Surface Chemistry. Amsterdam: Elsevier.

Shelby J E, 1971. Temperature dependence of He diffusion in vitreous SiC2. Journal of the American Ceramic Society, 54 (2): 125-126.

Song W H, Yao J, Li Y, et al., 2016. Apparent gas permeability in an organic-rich shale reservoir. Fuel, 181: 973-984.

Song W H, Yao J, Wang D Y, et al., 2020. Dynamic pore network modelling of real gas transport in shale nanopore structure. Journal of Petroleum Science and Engineering, 184: 106506.

Song W H, Yin Y, Landry C J, et al., 2021. A local-effective-viscosity multirelaxation-time lattice boltzmann pore-network coupling model for gas transport in complex nanoporous media. SPE Journal, 26 (1): 461-481.

Song X Q, Tan H B, Yan H, et al., 2017. Structural analysis of N, N-diacyl-1, 4-dihydropyrazine by variable-temperature NMR and DFT calculation. Journal of Molecular Structure, 1134: 606-610.

Soulaine C, Chelepi H A, 2016. Micro-continuum Approach for Pore-Scale Simulation. Transport in Porous Media, 113 (3): 431-456.

Sresty G C, Dev H, Snow R H, et al., 1986. Recovery of bitumen from tar sand deposits with the radio frequency process. SPE Reservoir Engineering, 1 (1) : 85-94.

Steele W A, 1974. The Interaction of Gases with Solid Surfaces. 1st ed. Oxford: Pergamon Press.

Stein D, Kruithof M, Dekker C, 2004. Surface-charge-governed ion transport in nanofluidic channels. Physical Review Letters, 93 (3) : 035901.

Stern O, 1924. Zur theorie der elektrolytischen doppelschicht. Berichte der Bunsengesellschaft für physikalische Chemie, 30 (21-22) : 508-516.

Steele W A, 1973. The physical interaction of gases with crystalline solids. Surface Science, 36 (1) : 317-352.

Stogryn A, 1971. Equations for calculating the dielectric constant of saline water (correspondence). IEEE Transactions on Microwave Theory and Techniques, 19 (8) : 733-736.

Sutherland W, 1893. LII. The viscosity of gases and molecular force. The London, Edinburgh, and Dublin Philosophical Magazine and Journal of Science, 36 (223) : 507-531.

Thommes M, Kaneko K, Neimark A V, et al., 2015. Physisorption of gases, with special reference to the evaluation of surface area and pore size distribution (IUPAC Technical Report). Pure and Applied Chemistry, 87 (9-10) : 1051-1069.

Wang Y D, Wang X Y, Xing Y F, et al., 2017. Three-dimensional numerical simulation of enhancing shale gas desorption by electrical heating with horizontal wells. Journal of Natural Gas Science and Engineering, 38: 94-106.

Wang Y G, Ercan C, Khawajah A, et al., 2012. Experimental and theoretical study of methane adsorption on granular activated carbons. AIChE Journal, 58 (3) : 782-788.

Wang Y N, Jin Z H, 2019. Effect of pore size distribution on hydrocarbon mixtures adsorption in shale nanoporous media from engineering density functional theory. Fuel, 254 (OCT. 15) : 115650.

Zenneck J, 1907. Breeding of even electromagnetic waves along an even conducting surface and its relation to radiotelegraphy. Annalen der Physik, 23 (10) : 846-866.

Zhao Y X, Liu S M, Elsworth D, et al., 2014. Pore structure characterization of coal by synchrotron small-angle X-ray scattering and transmission electron microscopy. Energy & Fuels, 28 (6) : 3704-3711.

Zheng C M, Bennett G D, 2002. Applied contaminant transport modeling. 2nd ed. New York: Wiley-Interscience.

Zou C N, Dong D Z, Wang S J, et al., 2010. Geological characteristics and resource potential of shale gas in China. Petroleum Exploration and Development, 37 (6) : 641-653.

Zou C N, Dong D Z, Wang Y M, et al., 2015. Shale gas in China: Characteristics, challenges and prospects (I). Petroleum Exploration and Development, 42 (6) : 753-767.

Zou C, Zhu R, Bai B, et al., 2013. Types, characteristics, genesis and prospects of conventional and unconventional hydrocarbon accumulations: Taking tight oil and tight gas in China as an instance. Science China Earth Sciences, 56 (1) : 1-14.

附录I 常用物理量与物理常数

光速	$c = 2.99792458 \times 10^8 \, \text{m} \cdot \text{s}^{-1}$
引力常数	$G_0 = (6.6720 \pm 0.0041) \times 10^{-11} \text{m}^3 \cdot \text{kg}^{-1} \cdot \text{s}^{-2}$
普朗克常量	$h = 6.62606896(33) \times 10^{-34} \text{J} \cdot \text{s}$
约化普朗克常量	$\hbar = 1.05457266(63) \times 10^{-34} \text{J} \cdot \text{s}$
玻尔兹曼常数	$\kappa = 1.380 \times 10^{-23} \text{J} \cdot \text{K}^{-1}$
法拉第常数	$F = (9.648456 \pm 0.000027) \text{C} \cdot \text{mol}^{-1}$
阿伏伽德罗常数	$N_0 = 6.02214076 \times 10^4 \text{mol}^{-1}$
普适气体常数	$R = (8.31441 \pm 0.00026) \text{J} \cdot \text{mol}^{-1} \cdot \text{K}^{-1}$
理想气体摩尔体积	$V_\text{m} = (22.41383 \pm 0.00070) \times 10^{-3} \text{m}^3 \cdot \text{mol}^{-1}$
氢原子的质量	$m_\text{H} = 1.67352 \times 10^{-27} \text{kg}$
原子质量单位	$u = (1.660539040 \pm 0.0000086) \times 10^{-27} \text{kg}$
质子静止质量	$m_\text{p} = (1.6726485 \pm 0.0000086) \times 10^{-27} \text{kg}$
中子静止质量	$m_\text{n} = (1.6749543 \pm 0.0000086) \times 10^{-27} \text{kg}$
电子质量	$m_\text{e} = 9.10938 \times 10^{-31} \text{kg}$
电子电量	$e = 1.60218 \times 10^{-19} \text{C}$
德拜偶极矩	$1\text{D} = (1/3) \times 10^{-29} \text{C} \cdot \text{m}$
玻尔半径	$\alpha_0 = (5.2917720859 \pm 0.0000044) \times 10^{-11} \text{m}$
真空电容率	$\varepsilon_0 = 8.85419 \times 10^{-12} \text{F} \cdot \text{m}^{-1}$
真空磁导率	$\mu_0 = 4\pi \times 10^{-7} \text{H} \cdot \text{m}^{-1}$
重力加速度	$g = 9.80665 \, \text{m} \cdot \text{s}^{-2}$
标准大气压	$1\text{atm} = 1.013\,25 \times 10^5 \text{Pa} = 1.01325 \, \text{bar}$
里德伯常数	$R_\text{H} = \dfrac{2\pi^2 m e^4}{(4\pi\varepsilon_0)^2 h^3 c} = 109737.31 \text{cm}^{-1}$ (理论值)，109677.58cm^{-1} (实验值)

附录 II   常用算符

设 $f(x,y,z)$ 为一个标量场，$\boldsymbol{F}(\boldsymbol{x},\boldsymbol{y},\boldsymbol{z})$ 为矢量场，$\boldsymbol{r}$ 表示矢径：

$$\boldsymbol{F}(x,y,z) = F_x\boldsymbol{i} + F_x\boldsymbol{j} + F_x\boldsymbol{k}$$

$$\boldsymbol{F}(\rho,\theta,z) = F_\rho\boldsymbol{e}_\rho + F_\theta\boldsymbol{e}_\theta + F_z\boldsymbol{e}_z$$

$$\boldsymbol{F}(r,\theta,\phi) = F_r\boldsymbol{e}_r + F_\theta\boldsymbol{e}_\theta + F_\phi\boldsymbol{e}_\phi$$

直角坐标—球坐标变换：

$$x = r\sin\theta\cos\phi$$

$$y = r\sin\theta\sin\phi$$

$$x = r\cos\theta$$

直角坐标—球坐标逆变换：

$$r^2 = x^2 + y^2 + z^2$$

$$\theta = \arctan\sqrt{\frac{x^2+y^2}{z^2}}$$

$$\phi = \arctan\frac{y}{x}$$

梯度算子（Gradient operator）

梯度-直角坐标系（Gradient-Cartesian coordinate system）：

$$\text{grad}f = \nabla f = \left(\frac{\partial f}{\partial x}, \frac{\partial f}{\partial y}, \frac{\partial f}{\partial z}\right) = \frac{\partial f}{\partial x}\boldsymbol{i} + \frac{\partial f}{\partial y}\boldsymbol{j} + \frac{\partial f}{\partial z}\boldsymbol{k} \tag{A1-1}$$

梯度-柱坐标系（Gradient-Cylindrical coordinate system）：

$$\text{grad}f = \nabla f(\rho,\theta,z) = \frac{\partial f}{\partial \rho}\boldsymbol{e}_r + \frac{1}{\rho}\frac{\partial f}{\partial \theta}\boldsymbol{e}_\theta + \frac{\partial f}{\partial z}\boldsymbol{e}_z \tag{A1-2}$$

梯度-球坐标系（Gradient-Spherical coordinate system）：

$$\text{grad}f = \nabla f(r,\theta,\phi) = \frac{\partial f}{\partial r}\boldsymbol{e}_r + \frac{1}{r}\frac{\partial f}{\partial \theta}\boldsymbol{e}_\theta + \frac{1}{r\sin\theta}\frac{\partial f}{\partial \phi}\boldsymbol{e}_\phi \tag{A1-3}$$

梯度算子也就是哈密顿算子（Hamiltonian operator）

散度算子（Divergence operator）

散度-直角坐标系（Divergence-Cartesian coordinate system）：

$$\text{div}\,\boldsymbol{F} = \nabla \cdot \boldsymbol{F} = \frac{\partial \boldsymbol{F}_x}{\partial x} + \frac{\partial \boldsymbol{F}_y}{\partial y} + \frac{\partial \boldsymbol{F}_z}{\partial z} \tag{A1-4}$$

散度-柱坐标系（Divergence-Cylindrical coordinate system）：

$$\operatorname{div} \boldsymbol{F} = \nabla \cdot \boldsymbol{F} = \frac{\partial}{\partial \rho}(\rho F_\rho) + \frac{1}{\rho}\frac{\partial F_\theta}{\partial \theta} + \frac{\partial F_z}{\partial z} \tag{A1-5}$$

散度-球坐标系（Divergence -Spherical coordinate system）：

$$\operatorname{div} \boldsymbol{F} = \nabla \cdot \boldsymbol{F} = \frac{1}{r^2}\frac{\partial}{\partial r}(r^2 F_r) + \frac{1}{r\sin\theta}\frac{\partial}{\partial \theta}(\sin\theta F_\theta) + \frac{1}{r\sin\theta}\frac{\partial F_\phi}{\partial \phi} \tag{A1-6}$$

旋度算子（Curl operator）

旋度-直角坐标系（Curl-Cartesian coordinate system）：

$$\operatorname{curl}\boldsymbol{F} = \nabla \times \boldsymbol{F} = \begin{vmatrix} \boldsymbol{i} & \boldsymbol{j} & \boldsymbol{k} \\ \dfrac{\partial}{\partial x} & \dfrac{\partial}{\partial x} & \dfrac{\partial}{\partial x} \\ F_x & F_y & F_z \end{vmatrix} = \left(\frac{\partial F_z}{\partial y} - \frac{\partial F_y}{\partial z}\right)\boldsymbol{i} + \left(\frac{\partial F_x}{\partial z} - \frac{\partial F_z}{\partial x}\right)\boldsymbol{j} + \left(\frac{\partial F_y}{\partial x} - \frac{\partial F_x}{\partial y}\right)\boldsymbol{k} \tag{A1-7}$$

旋度-柱坐标系（Curl-Cylindrical coordinate system）：

$$\operatorname{curl}\boldsymbol{F} = \nabla \times \boldsymbol{F} = \begin{vmatrix} \dfrac{1}{\rho}\boldsymbol{e}_\rho & \boldsymbol{e}_\theta & \dfrac{1}{\rho}\boldsymbol{e}_z \\ \dfrac{\partial}{\partial \rho} & \dfrac{\partial}{\partial \theta} & \dfrac{\partial}{\partial z} \\ F_\rho & \rho F_\theta & F_z \end{vmatrix} \tag{A1-8}$$

旋度-球坐标系（Curl-Spherical coordinate system）：

$$\operatorname{curl}\boldsymbol{F} = \nabla \times \boldsymbol{F} = \begin{vmatrix} \boldsymbol{e}_r & r\boldsymbol{e}_\theta & r\sin\theta\boldsymbol{e}_\phi \\ \dfrac{\partial}{\partial r} & \dfrac{\partial}{\partial \theta} & \dfrac{\partial}{\partial \phi} \\ F_r & rF_\theta & r\sin\theta F_\phi \end{vmatrix} \tag{A1-9}$$

拉普拉斯算子（Laplacian operator）

拉普拉斯-直角坐标系（Laplacian-Cartesian coordinate system）：

$$\Delta f = \nabla \cdot \nabla f = \nabla^2 f = \frac{\partial^2 f}{\partial x^2} + \frac{\partial^2 f}{\partial y^2} + \frac{\partial^2 f}{\partial z^2} \tag{A1-10}$$

拉普拉斯-柱坐标系（Laplacian-Cylindrical coordinate system）：

$$\Delta f = \nabla^2 f = \frac{1}{\rho}\frac{\partial}{\partial \rho}\left(\rho\frac{\partial f}{\partial \rho}\right) + \frac{1}{\rho^2}\frac{\partial^2 f}{\partial \theta^2} + \frac{\partial^2 f}{\partial z^2} \tag{A1-11}$$

拉普拉斯-球坐标系（Laplacian-Spherical coordinate system）：

$$\Delta f = \nabla^2 f = \frac{1}{r^2}\frac{\partial}{\partial r}\left(r^2\frac{\partial f}{\partial r}\right) + \frac{1}{r^2\sin\theta}\frac{\partial}{\partial \theta}\left(\sin\theta\frac{\partial f}{\partial \theta}\right) + \frac{1}{r^2\sin^2\theta}\frac{\partial^2 f}{\partial \phi^2} \tag{A1-12}$$

哈密顿算符（Hamiltonian operator）

$$\hat{H} = -\frac{\hbar^2}{2m}\left(\frac{\partial^2}{\partial x^2} + \frac{\partial^2}{\partial y^2} + \frac{\partial^2}{\partial z^2}\right) + V \tag{A1-13}$$